ISW 44

Berichte aus dem Institut für Steuerungstechnik
der Werkzeugmaschinen und Fertigungseinrichtungen
der Universität Stuttgart

J. HUAN

Bahnregelung
zur Bahnerzeugung an numerisch
gesteuerten Werkzeugmaschinen

Springer-Verlag
Berlin · Heidelberg · New York 1982

D 93

Mit 60 Abbildungen

ISBN-13: 978-3-540-11842-8   e-ISBN-13: 978-3-642-45540-7
DOI: 10.1007/978-3-642-45540-7

2362/3020-543210

Geleitwort des Herausgebers

Das Institut für Steuerungstechnik der Werkzeugmaschinen und Fertigungseinrichtungen der Universität Stuttgart befaßt sich mit den neuen Entwicklungen der Werkzeugmaschinen und anderen Fertigungseinrichtungen, die insbesondere durch den erhöhten Anteil der Steuerungstechnik an den Gesamtanlagen gekennzeichnet sind. Dabei stehen die numerisch gesteuerten Werkzeugmaschinen in Programmierung, Steuerung, Konstruktion und Arbeitseinsatz sowie die vermehrte Verwendung des Digitalrechners in Konstruktion und Fertigung im Vordergrund des Interesses.

Im Rahmen dieser Buchreihe sollen in zwangloser Folge drei bis fünf Berichte pro Jahr erscheinen, in welchen über einzelne Forschungsarbeiten berichtet wird. Vorzugsweise kommen hierbei Forschungsergebnisse, Dissertationen, Vorlesungsmanuskripte und Seminarausarbeitungen zur Veröffentlichung.

Diese Berichte sollen dem in der Praxis stehenden Ingenieur zur Weiterbildung dienen und helfen, Aufgaben auf diesem Gebiet der Steuerungstechnik zu lösen. Der Studierende kann mit diesen Berichten sein Wissen vertiefen.

Unter dem Gesichtspunkt einer schnellen und kostengünstigen Drucklegung wird auf besondere Ausstattung verzichtet und die Buchreihe im Fotodruck hergestellt.

Der Herausgeber dankt dem Springer-Verlag für Hinweise zur äußeren Gestaltung und Übernahme des Buchvertriebs.

Gottfried Stute

提　　要

　　轨迹控制是数控机床的一项基本控制任务．迄今为止使用在数控机床上的轨迹控制器通常是由插补器和位置调节器串联所组成．先由前者根据零件程序给出的轨迹条件计算出大量座标点，再由后者将这些座标点转换为所要求的机床进给运动．

　　本文提出的"轨迹调节法"以闭环的轨迹控制方法去产生所要求的轨迹，以零件程序所给的轨迹条件为系统的给定量，以机床进给运动产生的轨迹为系统的被调量．本方法的优点是计算简便且动态精度较高，特别适用于2½座标的CNC数控机床的轨迹控制．

Kurzfassung

Es wird ein neues Verfahren für die Bahnerzeugung an numerisch gesteuerten Werkzeugmaschinen vorgestellt. Es unterscheidet sich insbesondere hinsichtlich eines geschlossenen Wirkungswegs zur Bahnerzeugung von den herkömmlichen numerischen Bahnsteuerungen. Die Verbesserungen beziehen sich dabei sowohl auf den Rechenaufwand in der CNC-Steuerung als auch auf die erzielte dynamische Bahngenauigkeit. Das Verfahren ist besonders für $2\frac{1}{2}$ D-Bahnsteuerungen geeignet.

Formelzeichen und Abkürzungen
===

Formelzeichen

a	Parameter des Kegelschnittes
a_{fo}	Konstante Führungsbeschleunigung
b	Parameter des Kegelschnittes
c	Parameter des Kegelschnittes
d	Parameter des Kegelschnittes
D_A	Dämpfung der Vorschubantriebe
e	Parameter des Kegelschnittes
e_B	Bahnabweichung
e_{EN}	Eckenabweichung
e_R	Radiusabweichung
$e_Ü$	Überschwingabweichung
e_x, e_y	Abstand parallel zur x- oder y- Achse zwischen Istpunkt und Kurve
f	Frequenz; Parameter des Kegelschnittes
$F(x,y)$	Funktion von x und y
F_{Ax}, F_{Ay}	Frequenzgang des Vorschubantriebs
F_x, F_y, F	Frequenzgang der Vorschubeinheit
H_0	Halteglied
i	Auflösung des Meßsystems
k	Zählvariable
K_A, K_{Ax}, K_{Ay}	Antriebsverstärkung
K_R	Verstärkung des PI- Reglers
K_v	Geschwindigkeitsverstärkung
n	ganzzahlige Konstante
p	komplexe Variable
P_a	Anfangspunkt
P_e	Endpunkt
P_i	Istpunkt
P_m	Parabelmittelpunkt
P_M	Kreismittelpunkt
P_s	Sollpunkt
R	Radius

R_i	Istradius
S_x, S_y	Funktion von x und y
T	Abtastzeit
T_0	Zeitintervall
T_{gr}	Grobinterpolationszyklus
T_N	Nachstellzeit des PI- Reglers
T_R	Rechenzeit
v	Geschwindigkeit
v_B	Bahngeschwindigkeit
v_i	Istgeschwindigkeit
v_K	Korrekturvorschubgeschwindigkeit
v_s	Sollgeschwindigkeit
v_T	tangentiale Vorschubgeschwindigkeit
x_i, x_s	x- Koordinatenwert
y_i, y_s	y- Koordinatenwert
z	komplexe Variable
z_s	z- Koordinatenwert
Z	z- Transformation
δ	Winkelschritt; ungleiches Verhalten der Vorschubantriebe
ΔF	Zuwachs der Funktion F(x,y)
Δs	Weginkrement
$\Delta x, \Delta y$	Achsinkrement
$\Delta \varphi$	Winkelinkrement
ε	Vergleichszahl
τ	Parameter
φ	Winkel
φ_0	Anfangswinkel
ω_B	Winkelgeschwindigkeit
ω_{0A}	Kennkreisfrequenz des Vorschubantriebs

<u>mehrfach verwendete Indizes</u>

i	Istwert
k	Zählvariable

opt	Optimalwert
s	Sollwert
spr	Sprungantwort
x	x- Richtung
y	y- Richtung

Abkürzungen

CNC	computerized numerical control
DDA	digital differential analyser
NC	numerische Steuerung
P- Regler	Proportionalregler
PI- Regler	Proportional- Integralregler

1 Einleitung

Die numerisch gesteuerte Werkzeugmaschine ist ein frei programmierbarer Fertigungsautomat und besonders geeignet zur Automatisierung der Klein- und Mittelserienfertigung sowie zur Herstellung komplexer Konturen. Die Flexibilität numerisch gesteuerter Werkzeugmaschinen ist gegeben durch die

- Eingabe der Werkstückabmessungen als geometrische Information und die
- zusätzliche Eingabe technologischer Informationen.

Wesentliche Aufgaben einer NC- Steuerung sind die Bahninterpolation, d.h. Generierung von Bahnstützpunkten aus NC- Sätzen sowie die Lageregelung der einzelnen Achsen der Maschine. Dadurch wird die Relativbewegung zwischen Werkstück und Werkzeug mit bestimmter Geschwindigkeit längs einer numerisch beschriebenen Bahn beliebiger Form erzeugt.

Die Bezeichnung CNC hat sich für numerische Steuerungen durchgesetzt, in denen der Prozeßrechner funktionell den zentralen Bestandteil bildet und durch seine Software die Eigenschaften der numerischen Steuerung festlegt. Eine CNC- Steuerung stellt daher eine relativ universelle Einheit dar, die an viele unterschiedliche Fertigungsaufgaben angepaßt werden kann. Für die Bahnsteuerung werden ein Softwareinterpolator zur Ermittlung der Führungsgröße und ein Lageregler (ausgeführt in Software oder Hardware) eingesetzt. Wenn ein Mikrorechner die Aufgebe der Bahnerzeugung in einem CNC- System übernimmt, soll er in der Lage sein, die Führungsgrößenerzeugung und Lageregelung im Millisekundenbereich auszuführen. Das Problem der zeitlichen Rechnerauslastung spielt bei der reinen Software Implementierung von Interpolator und Lageregler eine wichtige Rolle.

Ziel der vorliegenden Arbeit ist es, eine neue Methode zur
Bahnerzeugung zu entwickeln und zu untersuchen. Im Gegensatz
zur bisher üblichen Bahnsteuerung soll hier eine Bahnregelung
eingesetzt werden.

Unter Bahnregelung versteht man gegenüber der herkömmlichen
Struktur einer Bahnsteuerung (Interpolator und Lageregelung)
einen geschlossenen Wirkungsweg für die Bahnerzeugung, wobei
die Istbahn als Regelgröße gemessen und mit der Sollbahn (Führungsgröße) verglichen wird. Die erforderliche Verstellung in
den Maschinenachsen erfolgt in Abhängigkeit von der auftretenden Bahnabweichung. Die wesentlichen Vorteile eines solchen
Konzeptes werden vor allem in der kürzeren Ausführungzeit und
dem geringeren Speicherplatzbedarf der Programmteile für die
Bahnerzeugung im CNC- Rechner gesehen.

Neben diesen Gesichtspunkten müssen die bei dem entwickelten
Verfahren auftretenden dynamischen Bahnabweichungen analysiert
und experimentell untersucht werden.

2   Numerische Bahnsteuerung und Bahnregelung

2.1 Numerische Bahnsteuerung

Numerische Bahnsteuerungen sind Programmsteuerungen mit zahlen-
mäßiger Eingabe der Weg- und Schaltinformationen. Der Funk-
tionszusammenhang zwischen den verschiedenen Achsbewegungen
wird bei der Bahnsteuerung durch die vorgegebene Werkzeug-
oder Werkstückbahn bestimmt.
Die Steuerdatenverarbeitung bei numerisch bahngesteuerten Werkzeugmaschinen wird durch verschiedene Funktionsgruppen realisiert. Bild 2.1 zeigt die übliche Ausführungsform der Steuerdatenverarbeitung bei numerisch bahngesteuerten Werkzeugmaschinen.

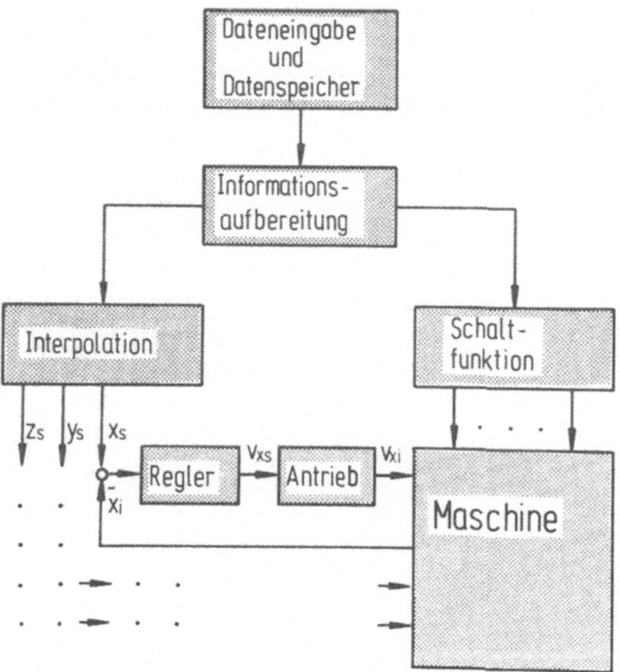

Bild 2.1: Funktionsgruppen der Steuerdatenverarbeitung an
numerisch bahngesteuerten Werkzeugmaschinen.

Um die Werkzeugmaschine zu den erforderlichen Bewegungen und
Aktionen zu veranlassen, muß man die entsprechenden Informationen in die Steuerung eingeben. Alle notwendigen Informationen werden nach dem Einlesen in einem Speicher abgelegt und
während des Verfahrens Schritt für Schritt zum folgenden Funk-
tionsblock geführt.

Nach der Dateneingabe und Datenspeicherung werden die Steuer-
daten für die zu erzeugende Bahn und die auszuführenden Schalt-
funktionen voneinander getrennt und verarbeitet.

Die Achsbewegungen werden durch den Interpolator vorgegeben. Er
enthält eine Rechenvorschrift zur Erzeugung linearer und kreis-
förmiger Bahnen. Bahnsteuerungen für spezielle Anwendungen
können auch einen Interpolator für die Erzeugung parabolischer
oder elliptischer Funktionen aufweisen. Zur Konturbeschreibung
genügt es, wenn das NC- Programm die Anfangspunkte, die End-
punkte und die Bahnbedingungen für die zu interpolierende Bahn
enthält. Die Punkte zwischen den Anfangs- und Endpunkten werden durch den Interpolator nach einer vorgegebenen Rechenregel
berechnet. Daraus werden unter Berücksichtigung der Abtastzeit die Zeitfunktionen $x_s = x_s(kT)$, $y_s = y_s(kT)$ und $z_s = z_s(kT)$
gewonnen. Diese sind die Führungsgrößen für die Lageregelkrei-
se der einzelnen Werkzeugmaschinenschlitten.

Der Lage- Sollwert x_s aus dem Interpolator wird mit einem
gemessenen Lage- Istwert x_i verglichen. Die Differenz zwischen
Lage- Sollwert x_s und Lage- Istwert x_i wird dem Regler zugeführt. Der Lageregler hat im allgemeinen Proportionalverhalten.
Die Stellgröße v_{xs} am Ausgang des Lagereglers dient als Sollwert für die Geschwindigkeit des Vorschubantriebs. Der Vorschubantrieb setzt den Sollwert der Geschwindigkeit in eine
entsprechende Ist- Geschwindigkeit v_{xi} um. Durch die Integration der Ist- Geschwindigkeit über der Zeit erhält man den
Lage- Istwert x_i.
Die erforderliche Bahn ergibt sich aus der Überlagerung der Bewegungen der einzelnen Vorschubeinheiten.

2.1.1 <u>Interpolationsverfahren</u>

Der Interpolator berechnet aus dem Anfangs- und Endpunkt und
den Bahnbedingungen eine hohe Zahl von Bahnzwischenpunkten zu
den Achsbewegungen der Werkzeugmaschine. Diese Punkte müssen
zwischen Anfangs- und Endpunkt ständig auf der vorgegebenen
Bahnkurve oder zumindest in ihrer unmittelbaren Nähe liegen.

Die wesentlichen Forderungen an einen Interpolator lassen sich
folgendermaßen zusammenfassen /4/:

- Die Anzahl der vorzugebenden Daten (Anfangspunkt, Endpunkt, Interpolationsparameter, wie zum Beispiel Kreismittelpunkt, Bahngeschwindigkeit) soll möglichst klein
  sein.

- Die vom Interpolator erzeugten Punktfolgen sollen die erforderliche Werkstückkontur möglichst gut annähern. Da
  viele in der Praxis vorkommende Werkstückkonturen sich
  aus Geraden und Kreisbögen zusammensetzen, sollen besonders diese Kurven einfach und genau interpolierbar sein.

- Der programmierte Endpunkt muß exakt erreicht werden,
  um das Aufsummieren von Wegfehlern zu vermeiden, wie es
  bei der Programmierung und Interpolation von Ketten-
  maßen auftreten kann.

- Die resultierende Bahngeschwindigkeit soll in weiten
  Grenzen verstellbar und unabhängig von der Kurvenform
  sein.

- Die Ausführungszeit und der Speicherplatzbedarf der In-
  terpolationsprogramme in einem CNC- System sollen möglichst klein sein.

- Die Rechengenauigkeit soll 6 bis 7 Dezimalstellen betra-
  gen. Das entspricht bei einem maximalen Verfahrbereich von
  10 m einer minimalen Wegeinheit von 10 µm bis 1 µm.

2.1.1.1 Mathematische Beschreibung der Bahn

Den Interpolationsverfahren liegt jeweils die mathematische
Beschreibung der Bahn zugrunde.

Eine ebene Kurve läßt sich im kartesischen Koordinatensystem
auf folgende Arten darstellen:

- in expliziter Form

$$y=f(x) \; , \qquad (2.1)$$

- in impliziter Form

$$F(x,y)=0 \; , \qquad (2.2)$$

- in Parameterform

$$x=x(\tau)$$

$$y=y(\tau) \; . \qquad (2.3)$$

Die explizite Beschreibung wird für die Interpolation nicht
eingesetzt. Sie ist unsymmetrisch und gibt dadurch einer Koor-
dinate den Vorzug /1/. Daraus entsteht eine nicht konstante
Bahngeschwindigkeit.
Die implizite Funktionsdarstellung wird hauptsächlich bei der
Interpolation nach dem Suchschritt- Verfahren für ebene Kurven
wie Geraden und Kreise, verwendet. Die in der vorliegenden
Arbeit entwickelten Bahnregelung basiert ebenfalls auf der
impliziten Funktionsdarstellung.

Die Parameterdarstellung ist besonders vorteilhaft, wenn
gleichzeitige Bewegungen in mehreren Achsen im Raum benötigt
werden.

2.1.1.2 Lineare Interpolation

Durch die lineare Interpolation wird eine hohe Zahl von Bahnzwischenpunkten auf der Strecke

$$\frac{y - y_a}{x - x_a} = \frac{y_e - y_a}{x_e - x_a} \qquad\qquad (2.4)$$

zwischen Anfangs- und Endpunkt als eine Funktion der Zeit
ausgerechnet.

Die lineare Interpolation kann gleichzeitig je nach Anforderung
mehrere Achsbewegungen erzeugen. Da eine ebene oder räumliche
Kurve durch mehrere kleine Strecken, d.h. durch einen Polygonzug, angenähert werden kann, ist die lineare Interpolation die
gebräuchlichste Art der Interpolationsverfahren in Bahnsteuerungen.

Für die Lösung der Aufgabe der linearen Interpolation bieten
sich DDA- Verfahren, Suchschritt- Verfahren und direkte Funktionsberechnung an. DDA- Verfahren und Suchschritt- Verfahren wurden vor allem bei Hardwareinterpolatoren verwendet/1/,
/2/,/10/.

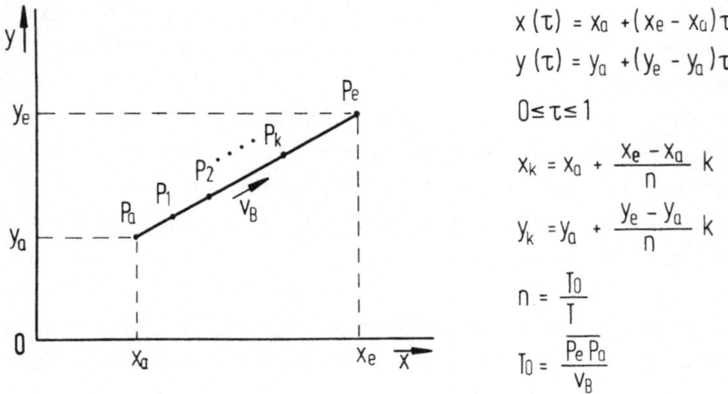

$$x(\tau) = x_a + (x_e - x_a)\tau$$
$$y(\tau) = y_a + (y_e - y_a)\tau$$
$$0 \le \tau \le 1$$
$$x_k = x_a + \frac{x_e - x_a}{n}\,k$$
$$y_k = y_a + \frac{y_e - y_a}{n}\,k$$
$$n = \frac{T_0}{T}$$
$$T_0 = \frac{\overline{P_e P_a}}{v_B}$$

Bild 2.2: Lineare Interpolation durch direkte Funktionsberechnung.

Die direkte Funktionsberechnung eignet sich aufgrund ihrer
niedrigen Arbeitsfrequenzanforderung an den Rechner besonders
für die Softwareinterpolation in einem CNC- System. Bild 2.2
zeigt ein Beispiel für die lineare Interpolation durch direkte
Funktionsberechnung.

2.1.1.3 Zirkulare Interpolation

Die zirkulare Interpolation wird bei Werkzeugmaschinen vor-
wiegend in den Hauptebenen x- y, x- z und z- y durchgeführt.
Nur bei einigen besonderen Anwendungsfällen wird die zirkulare
Interpolation im Raum benötigt (zum Beispiel bei Industriero-
botern).

Für die zirkulare Interpolation sind als Bahnbedingung zum Beispiel der Anfangs-, End- und Kreismittelpunkt vorzugeben. Der
Interpolator berechnet dann die für die jeweilige Bahngenauigkeit erforderliche Bahnzwischenpunkte.

In den meisten Fällen arbeiten die Hardwareinterpolatoren ebenfalls nach DDA- Verfahren und Suchschritt- Verfahren. Aber
diese Verfahren sind nicht zur Softwareinterpolation geeignet,
da sie sehr rechenzeitintensiv sind. Man verwendet bei der
Softwareinterpolation vor allem das rekursive Interpolationsverfahren /11/. Dieses Verfahren zeichnet sich durch geringen
Rechenaufwand aus. In Bild 2.3 (aus /11/) wird das rekursive
Interpolationsverfahren dargestellt. Der Hauptvorteil des Verfahrens liegt darin, daß die Koordinaten des nächsten zu inter-
polierenden Punktes P_{k+1} aus den Koordinaten des aktuellen
Punktes P_k einfach berechnet werden können. Die trigonometrischen Funktionen $\sin\delta$ und $\cos\delta$ können bei der Interpolations-
vorbereitung durch die Taylorreihe ermittelt werden. Als Nach-
teil der rekursiven Verfahren ist die Fehlerfortpflanzung zu
nennen, was das Rechnen mit erhöhter Genauigkeit erforderlich
macht.

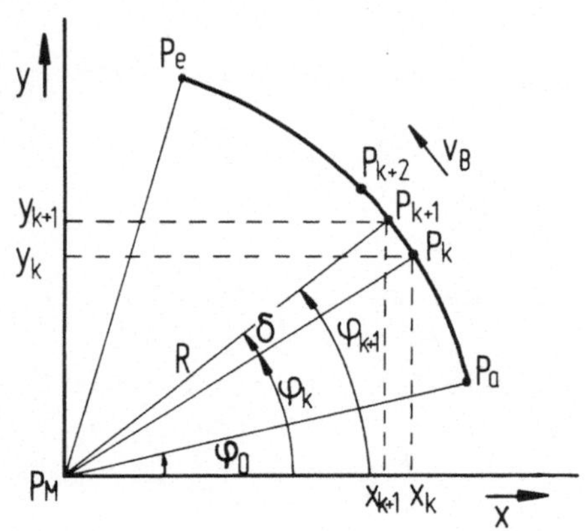

Bild 2.3: Interpolation mit Rekursion erster und zweiter
Ordnung.

2.1.1.4 Zweistufige Interpolation

Da die zirkulare Interpolation rechenzeitintensiv ist, kann
es zweckmäßig sein, das zweistufige Interpolationsverfahren
zu verwenden.

Die zweistufige Interpolation führt die Zirkularinterpolation
abschnittweise auf die Linearinterpolation zurück (Annäherung
des Kreisbogens durch Polygonzug, Bild 2.4). D.h. die zu fah-
rende Kurve wird dabei softwaremäßig durch Stützpunkte aufge-
teilt (Grobinterpolation) und die zwischen den Stützpunkten
liegenden Geradenstücke werden von einem Feininterpolator
(Linearinterpolator) berechnet. Wählt man die Abschnitte der
Kreissegmente genügend klein, so kann die Kreiskontur innerhalb einer geforderten Toleranz durchfahren werden. Der Feininterpolator kann in Hardware oder Software realisiert sein.

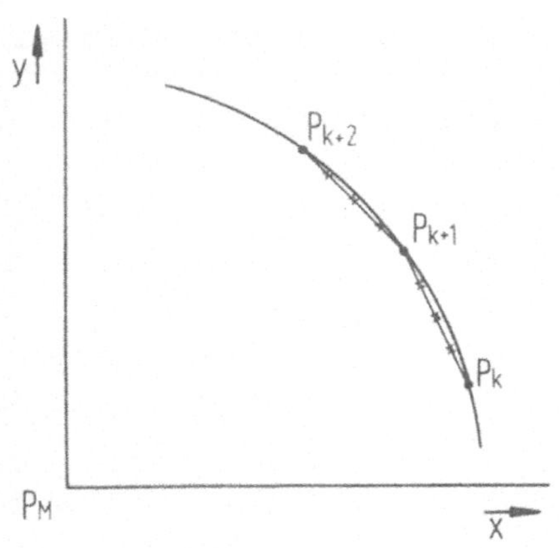
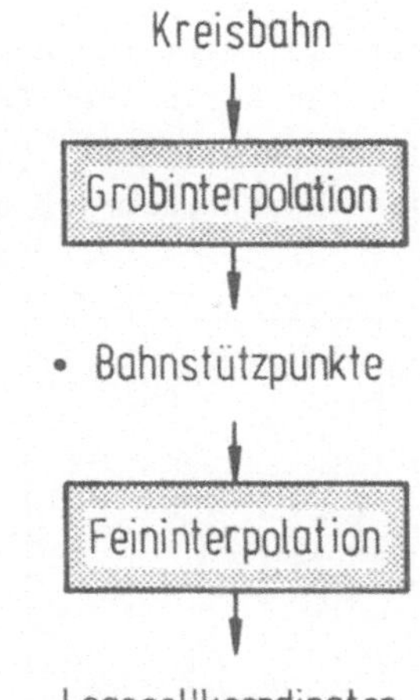

Bild 2.4: Zweistufige Interpolation.

2.1.2 Lageregelung

2.1.2.1 Struktur des Lageregelkreises

Die Lageregelung einer Werkzeugmaschine hat die Aufgabe, die
durch den Interpolator ermittelte Führungsgröße, die Sollkoor-
dinatenwerte möglichst exakt in die Bewegung der Maschine um-
zusetzen. Aus der Überlagerung der Achsbewegungen entsteht die
geforderte Bahn bzw. die Kontur des Werkstücks.
Die Lageregelung an NC- Werkzeugmaschinen wird üblicherweise
im Rechner realisiert. In Bild 2.5 ist das Prinzip eines Abtastlageregelkreises für eine numerische Bahnsteuerung dargestellt. Hierbei werden die Interpolation und Lageregelung
von einem Digitalrechner übernommen.

Die Istkoordinatenwerte der Maschine werden immer zu einem bestimmten Abtastzeitpunkt kT gemessen und dem Rechner zugeführt.
Der Softwarelageregler vergleicht mit der Führungsgröße $x_s(k)$
den Lage- Istwert $x_i(k)$ und bildet die Stellgröße $v_s(k)$ (Hier
wird die Schreibweise $x_s(kT)=x_s(k)$, $x_i(kT)=x_i(k)$ usw. benutzt).
Die Stellgröße am Ausgang des Rechners dient als Geschwindig-

keitssollwert für den Vorschubantrieb. Zwischen zwei Abtastzeit-
punkten bleibt der Geschwindigkeitssollwert durch ein Halteglied gespeichert. Dieses Signal steuert im Abtastintervall
den Vorschubantrieb an.

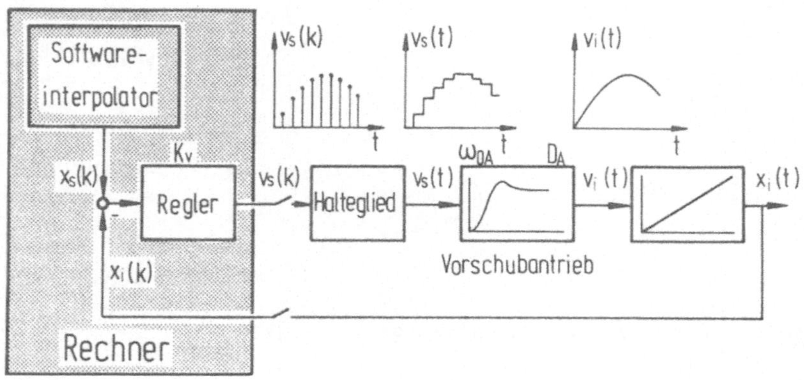

Bild 2.5: Prinzip der Bahnerzeugung mit Abtastlageregelung.

Strebt man an, daß sich der Abtastregelkreis wie ein kontinu-
ierlicher Regelkreis verhält, muß das Abtastintervall T rich-
tig gewählt werden. Die kleinste Abtastzeit ist in meisten Anwendungsfällen durch die Programmlaufzeit des CNC- Systems be-
schränkt, da der Rechner in einem derartigen System neben der
Lageregelung auch die Interpolation sowie organisatorische Aufgaben übernimmt. Die größte Abtastzeit ist durch die Antriebsdynamik und die erforderliche Regelgüte gegeben. In /26/ wurde
die Wahl der jeweils richtigen Abtastzeit näher erläutert.

2.1.2.2 Bahnverzerrung

Die Lage- Sollwerte müssen durch die Lageregelung möglichst
verzerrungsfrei in die Maschinenbewegung umgesetzt werden. Da
sich der Vorschubantrieb einer Werkzeugmaschine näherungsweise
wie ein Verzögerungsglied zweiter Ordnung verhält /24/, ist es

unmöglich, bei allen auftretenden Führungsgrößen eine exakte
Übertragung zu erreichen. Die Übertragungsverzerrung der Führungsgrößen kann zu Abweichungen von der gewünschten Bahn führen.

Die Bahnabweichungen treten immer auf bei

- Bahnrichtungsänderungen,

- unterschiedlichem Übertragungsverhalten in den an der
  Bahnerzeugung beteiligten Achsen (zum Beispiel infolge
  ungleicher Geschwindigkeitsverstärkungen in den einzelnen Achsen).

Der linke Teil von Bild 2.6 zeigt den Istbahnverlauf beim Umfahren einer 90°- Ecke. Die Bahnverzerrung aufgrund der sprung-
förmigen Bahnrichtungsänderungen kann durch die Eckenabwei-
chung e_{EN} und die Überschwingabweichung $e_{\ddot{U}}$ dargestellt werden.
In /23/ wurde die Abhängigkeit der Eckenabweichung von der Einstellung der Lageregelung näher untersucht. Bild 2.6 zeigt
das Ergebnis dieser Untersuchung.

Die kreisförmige Bewegung entspricht einer kontinuierlichen
Bahnrichtungsänderung. Damit tritt die Bahnverzerrung auch
bei der Erzeugung der Kreisbahn auf. Sie hängt von der Dynamik des Vorschubantriebs und der Kreiswinkelgeschwindigkeit
$\omega_B = v_B/R$ ab. Der rechte Teil von Bild 2.6 zeigt den Istbahnverlauf und die Bewertung der Bahnabweichung bei der kreisförmigen
Bewegung /24/, /25/.

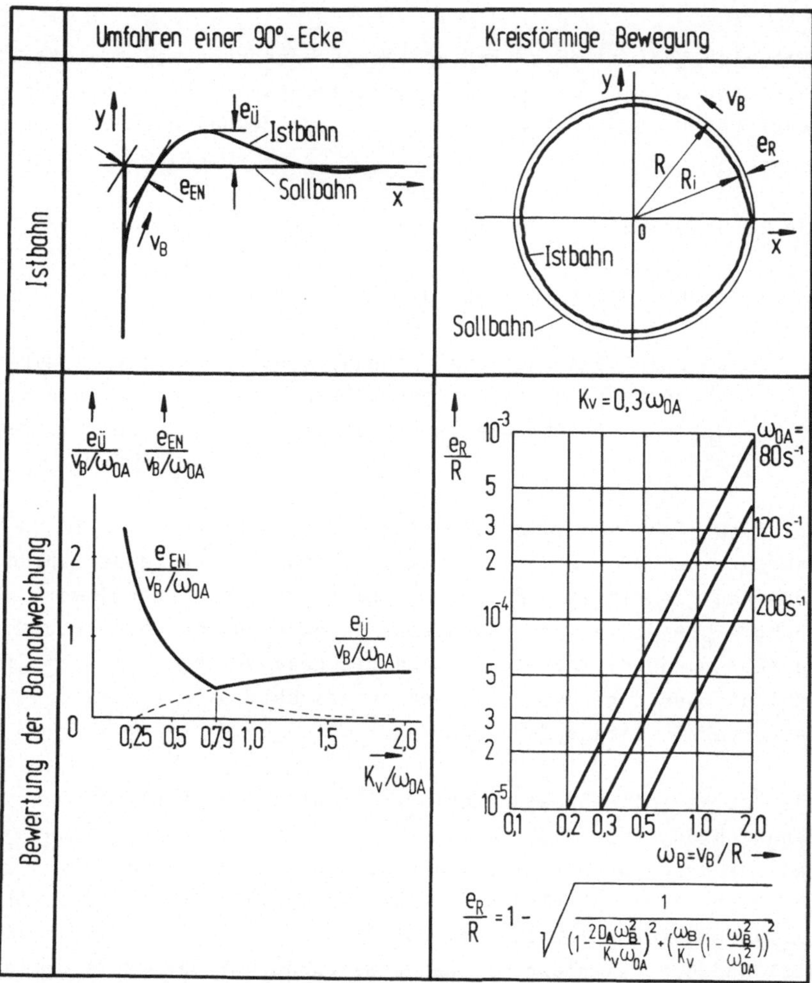

Bild 2.6: Bahnverzerrungen infolge Bahnrichtungsänderungen.

Bild 2.7 zeigt, daß unterschiedliche Geschwindigkeitsverstärkungen in einzelnen Achsen eine Bahnverzerrung hervorrufen können. Bei der geradlinigen Bewegung weicht die Istbahn um den
Abstand e_B parallel zur Sollbahn ab. Die Abweichung e_B ist
eine Funktion der Geschwindigkeitsverstärkungen K_{vx}, K_{vy}, der
Bahngeschwindigkeit v_B und des Winkels φ.

Beim Kreisfahren tritt eine ellipsenförmige Istbahn auf. Die große Achse der Ellipse bildet bei $K_{vy} > K_{vx}$ mit der x- Achse einen 45°- Winkel. Die maximale Bahnabweichung e_{Bmax} bzw. Radiusabweichung e_{Rmax} liegt an dieser Stelle.

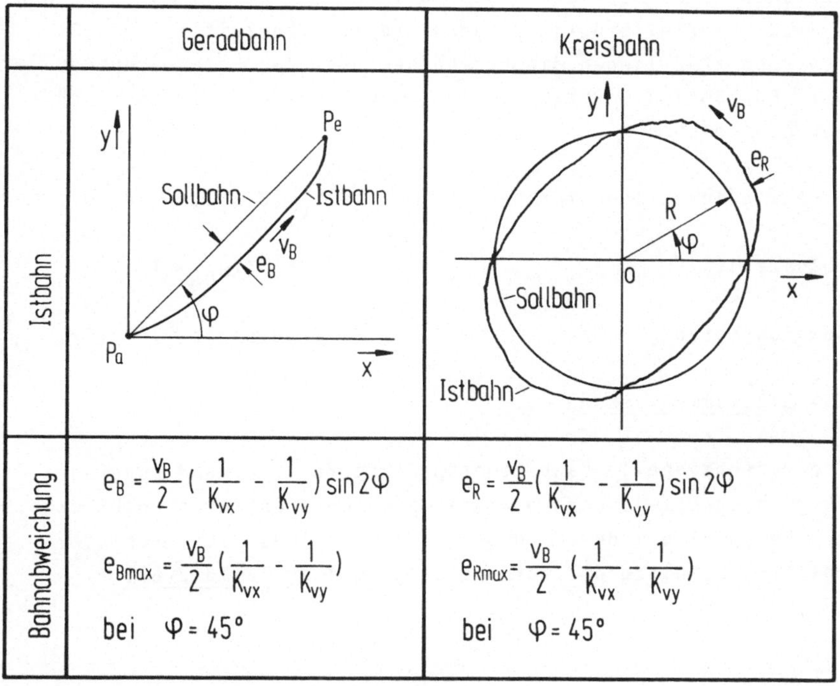

	Geradbahn	Kreisbahn
Istbahn		
Bahnabweichung	$e_B = \dfrac{v_B}{2}\left(\dfrac{1}{K_{vx}} - \dfrac{1}{K_{vy}}\right)\sin 2\varphi$ $e_{Bmax} = \dfrac{v_B}{2}\left(\dfrac{1}{K_{vx}} - \dfrac{1}{K_{vy}}\right)$ bei $\varphi = 45^\circ$	$e_R = \dfrac{v_B}{2}\left(\dfrac{1}{K_{vx}} - \dfrac{1}{K_{vy}}\right)\sin 2\varphi$ $e_{Rmax} = \dfrac{v_B}{2}\left(\dfrac{1}{K_{vx}} - \dfrac{1}{K_{vy}}\right)$ bei $\varphi = 45^\circ$

Bild 2.7: Bahnverzerrungen infolge unterschiedlicher Geschwindigkeitsverstärkung.

2.1.2.3 Optimale Einstellung des Lageregelkreises

Die Aufgabe der Optimierung besteht darin, die Parameter des Lageregelkreises hinsichtlich der Antriebsdynamik so zu wählen, daß die auftretende Bahnabweichung auf ein Minimum reduziert wird.

Die optimal einzustellenden Parameter des Abtastlageregelkreises sind Geschwindigkeitsverstärkung K_v, Abtastzeit T und Dämpfungsgrad D_A, wobei ω_{OA} als Kennkreisfrequenz des Vorschubantriebs gegeben ist. Aus der Grundforderung an den Lageregelkreis einer numerisch gesteuerten Werkzeugmaschine (verzerrungsfreie Übertragung des Sollwerts in den Istwert) wurden in /23/ spezielle Optimierungskriterien abgeleitet. In /23/, /24/ und /26/ liegen die Ergebnisse mehrerer Untersuchungen vor. Für optimale Parametereinstellung werden folgende Richtwerte angegeben:

Geschwindigkeitsverstärkung $\qquad K_v = (0,3 \; \dots \; 0,4)\,\omega_{OA}$

Abtastzeit $\qquad 0,5 < T\,\omega_{OA} < 1,0$

Dämpfungsgrad $\qquad D_A = 0,5 \text{ bis } 0,6$

2.1.3 Zusammenfassung

Die konventionelle Bahnsteuerung (Interpolator und Lageregelung) besteht, wie oben erwähnt, aus mehreren Funktionsblöcken, zum Beispiel bei der Erzeugung eines Kreises aus Grobinterpolator, Feininterpolator und Lageregelung (Bild 2.8).

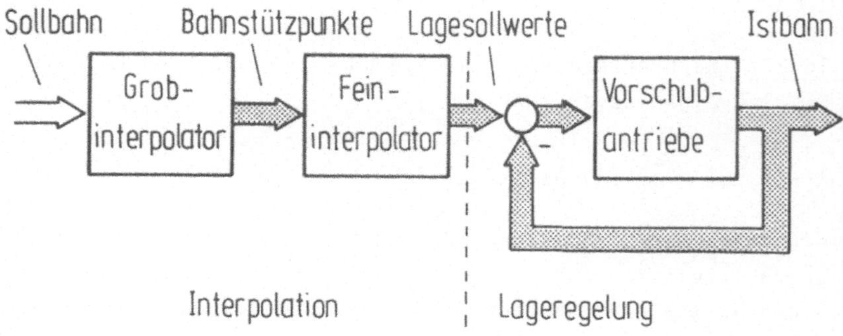

Bild 2.8 : Bahnerzeugung durch Interpolator und Lageregelung.

Dies ist in Bezug auf die Bahnerzeugung eine Kettenstruktur.
Jeder Block benötigt eine bestimmte Programmlaufzeit. Aufgrund
der rekursiven Berechnung kann der Grobinterpolator Rechenfehler bringen. Um die Fehlerfortpflanzung bei der Rekursion
zu beschränken, wird eine hohe Rechengenauigkeit verlangt.
Meist erfordert dies eine softwaremäßige Nachbildung großer
Wortlängen bei beschränkter Auslegung der Hardware, was jedoch
die Rechenzeit erhöht. Daher wird entweder ein sehr leistungs-
fähiger Mikrorechner benötigt oder es muß eine größere Abtastzeit eingestellt werden. Nach /26/ verschlechtert aber eine zu
große Abtastzeit die Bahngenauigkeit.

2.2 Bahnregelung

Aufgrund der genannten Nachteile von konventionellen Bahnsteuerungen soll nun hinsichtlich möglicher Verbesserungen die Bahnregelung zur numerischen Bahnerzeugung untersucht werden.

Anstelle der Kettenstruktur bei der konventionellen Bahnsteuerung fügt man dabei den Interpolator und die Lageregelung zusammen und leitet einen besonderen Algorithmus für den Bahnregler ab. Damit erfolgt eine Regelung direkt auf die Bahn
(Bild 2.9).

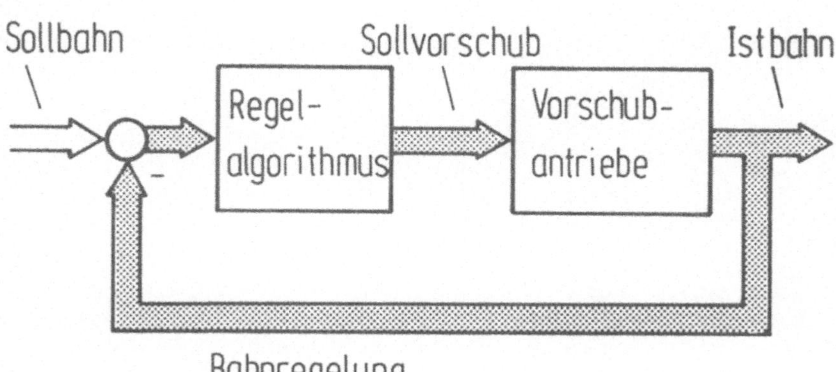

Bild 2.9: Bahnerzeugung durch die Bahnregelung.

Zum Beispiel ist der Sollradius die Führungsgröße bei der Kreisbahnregelung. Der Istradius ist damit die Regelgröße. Entsprechend der Differenz zwischen Führungsgröße und Regelgröße wird die Stellgröße Vorschubgeschwindigkeit gebildet. Sie gibt eine gewünschte Verstellung der Bewegungsrichtung an, um die Bahnabweichung zu kompensieren. Die erforderliche Bahngeschwindigkeit v_B soll als ein Parameter in den Bahnregler eingesetzt werden. Dieser geschlossene Wirkungsweg der Bahnerzeugung ist im Hinblick auf Programmlaufzeit und dynamische Bahngenauigkeit vorteilhaft. Dies wird durch die folgende Untersuchungen nachgewiesen.

Die Strategie bei der Bahnregelung ist eng verwandt mit den in /14/ beschriebenen zweiachsigen Nachformen. Die Sollbahnvorgabe beim Nachformen geschieht durch die Abtastung eines Modells. daraus ergibt sich die gewünschte Verstellung der Vorschubrichtung. Bei der Bahnregelung wird dies analog per Software durchgeführt.

3 Beschreibung und Untersuchung einer zweiachsigen Bahnregelung

3.1 Prinzipielle Arbeitsweise der Bahnregelung für ebene Kurven zweiter Ordnung

Eine ebene Kurve zweiter Ordnung wird durch die allgemeine Funktionsgleichung

$$F(x,y)=ax^2+2bxy+cy^2+2dx+2ey+f=0 \qquad (3.1)$$

beschrieben. Die Kurve unterteilt die x-y Ebene in zwei Bereiche(Bild 3.1). Die Punkte auf der Kurve erfüllen die Funktionsgleichung $F(x,y)=0$. Für alle anderen Punkte ist $F(x,y)>0$ oder $F(x,y)<0$.

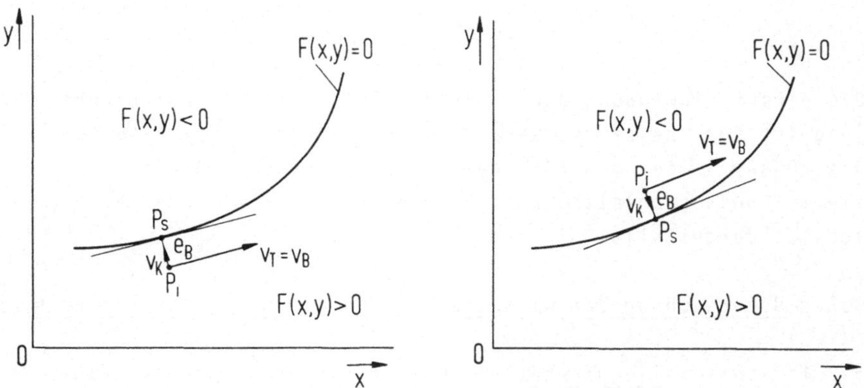

Bild 3.1: Bahnregelung bei ebenen Kurven zweiter Ordnung.

Der Bahnregelung liegt folgende Regelstrategie zugrunde:
Die Lage- Istwerte x_i und y_i werden zu einem Abtastzeitpunkt an den Eingang des Bahnreglers zurückgeführt (Bild 2.9). Aus der Funktionsgleichung(3.1) ergeben sich eine Vorschubgeschwindigkeit $v_T(|v_T|=v_B)$ in der tangentialen Richtung der Kurve und

eine Korrekturvorschubgeschwindigkeit v_K in Normalenrichtung
zur Kurve. So wird die auftretende Bahnabweichung e_B kompen-
siert und die Istbahn auf die Sollbahn $F(x,y)=0$ geregelt.

Durch die Vorgabe der Parameter a bis f der Funktionsgleichung
(3.1) werden verschiedene ebene Kurven dargestellt.

zum Beispiel sind

für Geraden $\qquad\qquad a=b=c=0$,

für einen Kreis mit dem Mittelpunkt im Ursprung

$$a=c \; , \; b=d=e=0 \; ,$$

für eine Parabel in allgemeiner Lage

$$ac-b^2=0 \; .$$

Die direkte Anwendung der Funktionsgleichung(3.1) zur Bahnregelung ist für Kreis- und Geradenbahnregelung rechenzeitaufwen-
dig. Daher leitet man für Kreis- und Geradenbahnregelung spezielle Funktionsgleichungen ab. Dies wird im folgenden Abschnitt dargestellt.

3.2 Untersuchung der Bahnregelung für die Kreisbahnerzeugung

3.2.1 Prinzipielle Darstellung und Erprobung durch digitale Simulation

Ausgangspunkt ist die Betrachtung eines Kreises in Ursprungs-
lage (Bild 3.2). Die Sollbahn ist gegeben durch die Funktionsgleichung für die Kreisbahn

$$F(x,y)=R-\sqrt{x^2+y^2}=0 \qquad\qquad\qquad (3.2)$$

mit den Koordinaten des Anfangspunktes $P_a(x_a,y_a)$ und des End-

punktes $P_e(x_e, y_e)$. Bei der Bahnregelungsvorbereitung wird der
Sollradius R des Kreises aus den Anfangskoordinaten $P_a(x_a, y_a)$
und dem Kreismittelpunkt berechnet und für die Bahnregelung
bereitgestellt.

Für die reine Bahnregelung eines Kreises ohne Berücksichtigung
des Endpunktes sind nur folgende Daten erforderlich:

R- Radiussollwert;

v_B- Bahngeschwindigkeit;

x_i- Istkoordinate der x- Achse;

y_i- Istkoordinate der y- Achse.

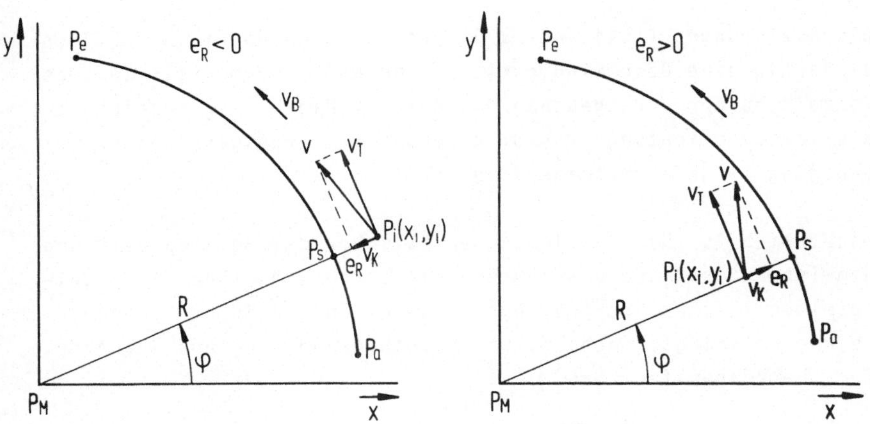

Bild 3.2: Darstellung der Bahnregelung für die Erzeugung
eines Kreises.

In Bild 3.2 sind die durch das Lagemeßsystem zu einem Abtastzeitpunkt ermittelten Istkoordinatenwerte x_i und y_i dargestellt.

Aus dem Istpunkt $P_i(x_i,y_i)$ ergibt sich der Istradius

$$R_i = \sqrt{x_i^2 + y_i^2} \quad . \tag{3.3}$$

Um eine Bewegung entlang eines Kreises zu erzeugen, ist ein Vorschub tangential zum Kreis nötig, dessen Amplitude mit der Bahngeschwindigkeit v_B identisch sein muß. Damit läßt sich die Sollvorschubgeschwindigkeit v_T in tangentialer Richtung bzw. deren Komponenten in x- und y- Richtung berechnen als

$$v_{Tx} = -v_B \sin\varphi = -v_B \frac{y_i}{R_i} \quad , \tag{3.4}$$

$$v_{Ty} = v_B \cos\varphi = v_B \frac{x_i}{R_i} \quad . \tag{3.5}$$

Die Beziehungen (3.4) und (3.5) ordnen jedem Punkt in der Ebene eindeutig eine Geschwindigkeit v_T tangential zum Kreis zu. Das Vorzeichen der vorgegebenen Bahngeschwindigkeit v_B bezeichnet die Vorschubrichtung ($v_B < 0$: Bewegung im Uhrzeigersinn; $v_B > 0$: Bewegung im Gegenuhrzeigersinn).

Zusätzlich ist die Abweichung e_R zwischen dem Sollradius R und dem Istradius R_i zu betrachten, die durch Störgrößen (zum Beispiel ungleiches Übertragungsverhalten in den in der Bahnregelung beteiligten Achsen, Bahnrichtungsänderung und Rechenfehler) hervorgerufen wird

$$e_R = R - R_i = R - \sqrt{x_i^2 + y_i^2} \quad . \tag{3.6}$$

Diese Funktion ist in jedem Punkt der Ebene monoton. Es gilt dann für alle Punkte der Ebene, die außerhalb des Kreises liegen: $e_R < 0$, und für alle Punkte, die innerhalb des Kreises liegen: $e_R > 0$. Entsprechend dieser Abweichung e_R wird ein Korrekturvorschub $v_K = e_R K_v$ in radialer Richtung erzeugt, um die Abweichung zu kompensieren. Für den Zusammenhang zwischen den

Komponenten des Korrekturvorschubs v_K und der Radiusabweichung e_R gilt (vgl. Bild 3.2):

$$v_{Kx} = e_R \ K_v \ \cos\varphi = e_R \ K_v \ \frac{x_i}{R_i} \quad , \tag{3.7}$$

$$v_{Ky} = e_R \ K_v \ \sin\varphi = e_R \ K_v \ \frac{y_i}{R_i} \quad . \tag{3.8}$$

Der Korrekturvorschub v_K existiert eindeutig in jedem Punkt der Ebene. Seine Richtung zeigt zum Kreismittelpunkt, wenn $e_R < 0$ ist, bzw. vom Kreismittelpunkt weg, wenn $e_R > 0$ ist.

Die Geschwindigkeitsverstärkung K_v in (3.7) und (3.8) bezeichnet jetzt das Verhältnis von Korrekturvorschubgeschwindigkeit zur Radiusabweichung. Die Wahl der Geschwindigkeitsverstärkung K_v ist von großer Bedeutung bei der Bahnregelung. Kleine Geschwindigkeitsverstärkung K_v ergibt große stationäre Radius- bzw. Bahnabweichung e_R. Die Erhöhung der Geschwindigkeitsverstärkung führt zu einer Reduzierung der Systemdämpfung. Damit neigt das System leichter zum Schwingen, was zur Verzerrung der geregelten Bahn führt. Die Wahl einer geeigneten Geschwindigkeitsverstärkung K_v ist daher ein Kompromiß zwischen den Forderungen nach kleiner stationärer Radiusabweichung e_R und ausreichender Systemdämpfung. In Abschnitt 3.2.3 wird darauf näher eingegangen.

Aus dem durch die Gleichung (3.3) bis (3.8) bestimmten Tangentialvorschub v_T und Korrekturvorschub v_K setzt sich der resultierende Vorschub v zusammen (Bild 3.2). Seine Komponenten in den Achsen x und y sind:

$$v_x = v_{Tx} + v_{Kx} \quad , \tag{3.9}$$

$$v_y = v_{Ty} + v_{Ky} \quad . \tag{3.10}$$

Zusammengefaßt ergibt sich damit folgendes Regelsystem, <u>Bild 3.3</u>.

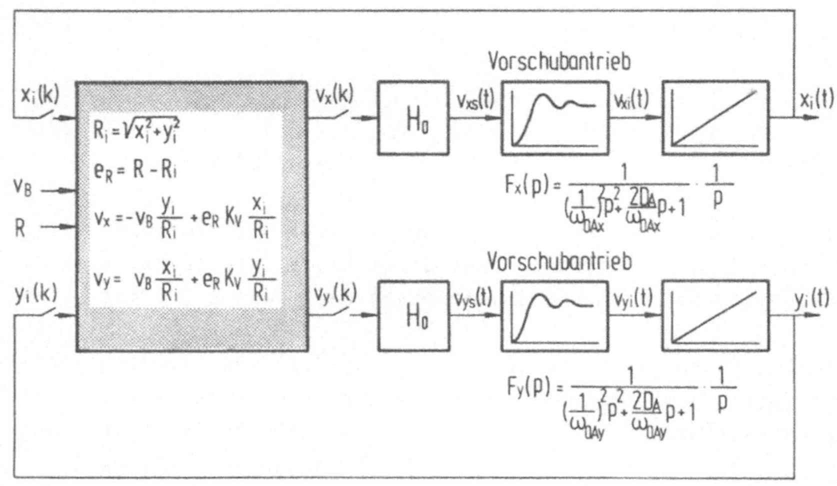

Die Formeln im Bild lauten:

$$R_i = \sqrt{x_i^2 + y_i^2}$$
$$e_R = R - R_i$$
$$v_x = -v_B \frac{y_i}{R_i} + e_R K_V \frac{x_i}{R_i}$$
$$v_y = v_B \frac{x_i}{R_i} + e_R K_V \frac{y_i}{R_i}$$

$$F_x(p) = \frac{1}{(\frac{1}{\omega_{0Ax}})^2 p^2 + \frac{2D_A}{\omega_{0Ax}} p + 1} \cdot \frac{1}{p}$$

$$F_y(p) = \frac{1}{(\frac{1}{\omega_{0Ay}})^2 p^2 + \frac{2D_A}{\omega_{0Ay}} p + 1} \cdot \frac{1}{p}$$

<u>Bild 3.3:</u> Struktur der Kreisbahnregelung.

Zu jedem Abtastzeitpunkt liest der Rechner die Lage- Istwerte x_i, y_i ein und bildet entsprechend der programmierten Gleichungen (3.2) bis (3.10) die Stellgrößen $v_x(k)$ und $v_y(k)$. Sie werden über einen Digital- / Analogwandler mit Halteglied H_0 an die Vorschubantriebe ausgegeben. Durch das Integralverhalten des Schlittens entstehen aus den Istvorschubgeschwindigkeiten v_{xi} und v_{yi} die Lage- Istwerte x_i und y_i der betreffenden Vorschubeinheiten. Die geforderte Bahn ergibt sich wie bei konventionellen Bahnsteuerungen aus der Überlagerung der jeweiligen Lage- Istwertkomponenten.

Weicht der Istradius vom Sollradius ab, wird der Istradius durch den entsprechenden Korrekturvorschub solange korrigiert, bis die Radiusabweichung e_R hinreichend klein geworden ist, während sich der Istpunkt P_i mit einer Geschwindigkeit v_T bzw. v_B in tangentialer Richtung zur Kreisbahn bewegt. Dies wird durch <u>Bild 3.4</u> an einem Beispiel verdeutlicht.

Für eine Abtastzeit von T= 3ms und eine Bahngeschwindigkeit v_B= 600 mm/min ergibt sich ein Vorschubschritt

$$\Delta s = \overline{P_{k+1}P_k} = v_B\, T = 0{,}03 \text{ mm} \; .$$

Wie aus Bild 3.4 hervorgeht, wird die Kreisbahn durch einen Polygonzug, bestehend aus den einzelnen Vorschubschritten angenähert. Die Bahnabweichung ist im Prinzip proportional zur geforderten Bahngeschwindigkeit. Dies wird in Abschnitt 3.2.2 näher betrachtet.

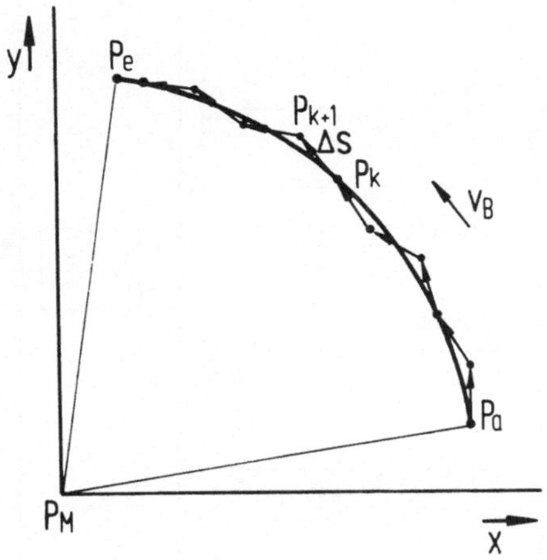

Bild 3.4: Beispiel eines durch die Bahnregelung erzeugten Kreisbogens.

Die weitere Untersuchung in diesem Abschnitt wird zeigen, daß die Struktur in Bild 3.3 einem Radiusregelkreis entspricht. Um einen besseren Überblick zu erhalten, ist es zweckmäßig die Bahnregelung in einem Signalflußplan darzustellen. Bild 3.5 zeigt das Blockschaltbild der Bahnregelung für die Kreisbahn.

Die Bahnregelung wird durch einen Regelkreis nachgebildet. Die x- und y- Vorschubeinheiten stellen darin die Regelstrecke dar. Die Größe, die konstant gehalten werden soll, ist der Istradius R_i. Der vorgegebene Radius R ist die Führungsgröße

34

und die Differenz e_R zwischen Sollradius und Istradius ist die Regelabweichung. Die Bahngeschwindigkeit v_B geht als Parameter des Bahnreglers in das Strukturbild ein. Der Bahnregler stellt die Realisierung der Gleichungen (3.3) bis (3.10) dar. In Bezug auf den Kreisradius entspricht ein solches Regelsystem einer Radiusregelung. Es handelt sich um eine nichtlineare Abtastregelung.

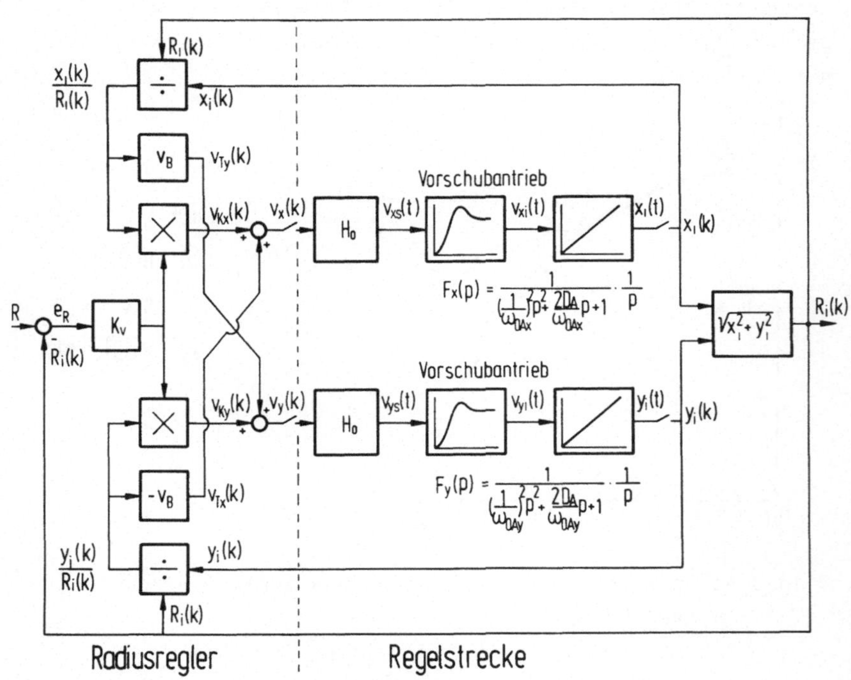

Bild 3.5: Regelungstechnisches Blockschaltbild der Kreisbahnregelung.

Um die Bahnregelung analysieren zu können, benötigt man die Lösung für die Koordinatenwerte $x_i(t)$ und $y_i(t)$ im Zeitbereich. Bei der Behandlung von Abtastregelungssystemen wird häufig die z- Transformation angewandt. Mit ihrer Hilfe läßt sich die Systemantwort ermitteln.

Verhält sich der Vorschubantrieb wie ein Verzögerungsglied zweiter Ordung, so erhält man für die Vorschubeinheit einen Gesamtfrequenzgang

$$F_x = \frac{x_i(p)}{v_{xs}(p)} = \frac{1}{(\frac{1}{\omega_{0Ax}})^2 p^2 + \frac{2D_A}{\omega_{0Ax}} p + 1} \cdot \frac{1}{p} \qquad (3.11)$$

und

$$F_y = \frac{y_i(p)}{v_{ys}(p)} = \frac{1}{(\frac{1}{\omega_{0Ay}})^2 p^2 + \frac{2D_A}{\omega_{0Ay}} p + 1} \cdot \frac{1}{p} \qquad . \qquad (3.12)$$

Die z- Übertragungsfunktion der Vorschubeinheit mit Abtast- und Halteglied wird berechnet zu /21/

$$F_x(z) = Z\left\{ \frac{1-e^{-Tp}}{p^2((\frac{1}{\omega_{0Ax}})^2 p^2 + \frac{2D_A}{\omega_{0Ax}} p + 1)} \right\}$$

$$= \frac{b_{0x} + b_{1x}z^{-1} + b_{2x}z^{-2} + b_{3x}z^{-3}}{a_{0x} + a_{1x}z^{-1} + a_{2x}z^{-2} + a_{3x}z^{-3}} \qquad (3.13)$$

und

$$F_y(z) = Z\left\{ \frac{1-e^{-Tp}}{p^2((\frac{1}{\omega_{0Ay}})^2 p^2 + \frac{2D_A}{\omega_{0Ay}} p + 1)} \right\}$$

$$= \frac{b_{0y} + b_{1y}z^{-1} + b_{2y}z^{-2} + b_{3y}z^{-3}}{a_{0y} + a_{1y}z^{-1} + a_{2y}z^{-2} + a_{3y}z^{-3}} \qquad . \qquad (3.14)$$

Den z- Übertragungsfunktionen $F_x(z)$ und $F_y(z)$ entsprechen zwei Differenzengleichungen in der Form

$$a_{0x}x_i(k) + a_{1x}x_i(k-1) + a_{2x}x_i(k-2) + a_{3x}x_i(k-3) =$$

$$= b_{0x}v_{xs}(k) + b_{1x}v_{xs}(k-1) + b_{2x}v_{xs}(k-2) + b_{3x}v_{xs}(k-3) \qquad (3.15)$$

und $\quad a_{oy}y_i(k)+a_{1y}y_i(k-1)+a_{2y}y_i(k-2)+a_{3y}y_i(k-3)=$

$$=b_{oy}v_{ys}(k)+b_{1y}v_{ys}(k-1)+b_{2y}v_{ys}(k-2)+b_{3y}v_{ys}(k-3). \quad (3.16)$$

Die Differenzengleichungen stellen miteinander verknüpfte Zahl-
folgen dar. Werden die Stellgrößen $v_{xs}(k)$ und $v_{ys}(k)$ eingegeben,
lassen sich die Koordinatenwerte $x_i(k)$ und $y_i(k)$ vollständig bestimmen.

Im folgenden wird geprüft, ob tatsächlich eine Kreisbahn durch
den Regelkreis nach Bild 3.5 entsteht und ob die dabei auftretende Bahnabweichung hinreichend klein gehalten wird. Zu diesem
Zweck wird eine digitale Simulation des Bahnregelsystems nach
Bild 3.5 durchgeführt. In einem digitalen Rechner werden das
Übertragungsverhalten der x- und y- Vorschubeinheiten (vgl.
Gleichungen (3.15) und (3.16) und der Bahnregler (vgl. Gleichungen (3.3) bis (3.10)) durch ein Rechenprogramm nachgebildet.

Als Beispiel wird die Bahn vorgegeben durch

Anfangspunkt $\quad x_a=x_i(0)$ = 44,50 mm , $y_a=y_i(0)$ = 22,798 mm

Kreisradius $\quad$ R= 50 mm ,

Bahngeschwindigkeit V_B= 1200 mm/min .

Die Vorschubantriebe in x- und y- Achse sind symmetrisch und
haben folgende Kennwerte

Kennfrequenz $\quad \omega_{0A}$= 120 s^{-1} ,

Dämpfungsgrad $\quad D_A$= 0,7 .

Bei der Simulation werden die Abtastzeit T=0,005s und die
Geschwindigkeitsverstärkung K_v=60 s^{-1} gewählt.

Bild 3.6 zeigt das Ergebnis der digitalen Simulation. Der Verlauf der Koordinatenistwerte $x_i(k)$ und $y_i(k)$ bildet zwei Dauerschwingungen, die näherungsweise in der folgenden Form dargestellt werden können

$$x_i(k) = R_i \cos(\frac{v_B}{R} kT + \varphi_0) \qquad (3.17)$$

$$y_i(k) = R_i \sin(\frac{v_B}{R} kT + \varphi_0) \qquad (3.18)$$

mit $\quad \varphi_0 = \arctan(\, y_i(0)/x_i(0)\,)$.

Für die Kreiswinkelgeschwindigkeit der Dauerschwingung gilt $\omega_B = v_B/R$. Die Zeitfunktionen $x_i(k)$ und $y_i(k)$ überlagern sich in der x- y Ebene zu einer Kreisbahn. Die Bahnabweichung beträgt in diesem Fall 0,0025 mm. Dies zeigt, daß die Bahnerzeugung durch Bahnregelung gute Ergebnisse hinsichtlich der Bahngenauigkeit zuläßt.

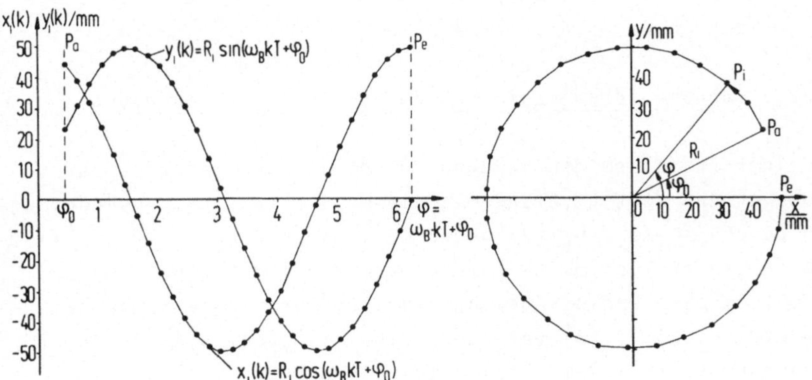

Bild 3.6: Zeitverhalten der Kreisbahnregelung.

3.2.2 Bahnverzerrungen

Eine weitere wesentliche Aufgabe der Arbeit ist die Untersuchung der mit Hilfe der Bahnregelung erreichten Bahngenauigkeit.

Die Bahnregelung als ein Regelsystem kann nur bis zu einem bestimmten Grad die Regelgröße (Istbahn) wie gewünscht halten. Damit treten die Bahnabweichungen auf.

Der Einfluß der Parameter des Bahnreglers und des Übertragungsverhaltens der Vorschubantriebe auf die Bahngenauigkeit wird durch die digitale Simulation ermittelt. Daraus ergeben sich Hinweise zur optimalen Einstellung der Bahnregelung.

Die Bahnverzerrungen stehen in gewisser Abhängigkeit von der Bahngeschwindigkeit v_B, dem Kreisradius, der Antriebsdynamik ω_{0A} und der Auslegung des Regelkreises. Ähnlich wie bei der konventionellen Bahnerzeugung werden die Bahnverzerrungen hervorgerufen durch

- Bahnrichtungsänderung (aufgrund der Krümmung des Kreises) und

- ungleiche Antriebsverstärkung oder ungleiche Antriebsdynamik in den einzelnen Achsen.

3.2.2.1 Bahnabweichung aufgrund der Bahnrichtungsänderung

Bei einer kreisförmigen Bewegung wird die resultierende Vorschubrichtung stetig verändert. Diese Vorschubrichtungsänderung kann durch $\Delta\varphi = \omega_B T = v_B T/R$ ausgedrückt werden. Aus Bild 3.7 läßt sich folgender Zusammenhang erkennen: Es wird angenommen, daß das System ohne Radiusregelung arbeiten würde. Die Koordinatenistwerte $x_i(k)$, $y_i(k)$ verändern sich mit jedem Abtastschritt stufenförmig. In jedem Abtastintervall wandert der Istpunkt entlang der Tangente des Kreises vom aktuellen Punkt P_{ik} um einen Schritt $\Delta s = v_B T$ bis zum neuen Punkt $P_{i(k+1)}$. Der Kreisbogen $\overline{P_{sk}P_{s(k+1)}}$ wird durch die kleine Strecke Δs ersetzt. Der Punkt $P_{i(k+1)}$ liegt nicht mehr auf dem Kreis. Damit weicht der Istpunkt nach mehreren Abtastintervallen von der gewünschten Bahn ab. Für den Zuwachs der Radiusabweichung in jedem Abtastintervall gilt nach Bild 3.7

$$R_i(k+1)-R_i(k) = \sqrt{R_i^2(k) + v_B^2\,T^2} - R_i(k)$$

$$= R_i(k)\,\left(\sqrt{1 + v_B^2\,T^2/R_i^2(k)} - 1\right)\ .$$

Aus der Reihenentwicklung erhält man näherungsweise

$$R_i(k+1)-R_i(k) \approx \frac{1}{2}\,v_B^2\,T^2/R_i(k)\ . \tag{3.19}$$

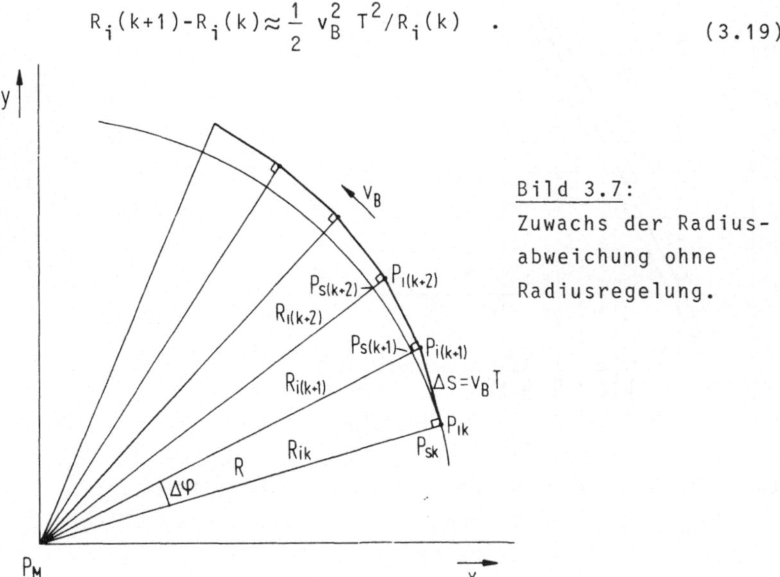

Bild 3.7:
Zuwachs der Radius-
abweichung ohne
Radiusregelung.

Aus der Gleichung 3.19 geht hervor, daß mit größerer Vorschubgeschwindigkeit v_B und Abtastzeit T und kleinerem Radius des
Kreises der Zuwachs der Radiusabweichung größer wird. Aus dem
Aufsummieren des Zuwachses der Radiusabweichung würde ein großer Radiusfehler folgen, wenn der Radiusregler außer Betracht
gelassen würde (in Bild 3.5 $K_v=0$). Die Radiusregelung hat nun
genau die Aufgabe, den auftretenden Radiusfehler stetig und
hinreichend zu korrigieren. Die Bestimmung der Beziehung zwischen Bahnabweichung, Winkelgeschwindigkeit, Kennkreisfrequenz
des Vorschubantriebs und Abtastzeit erfolgt mit Hilfe der Ergebnisse einer digitalen Simulation (Bild 3.8).

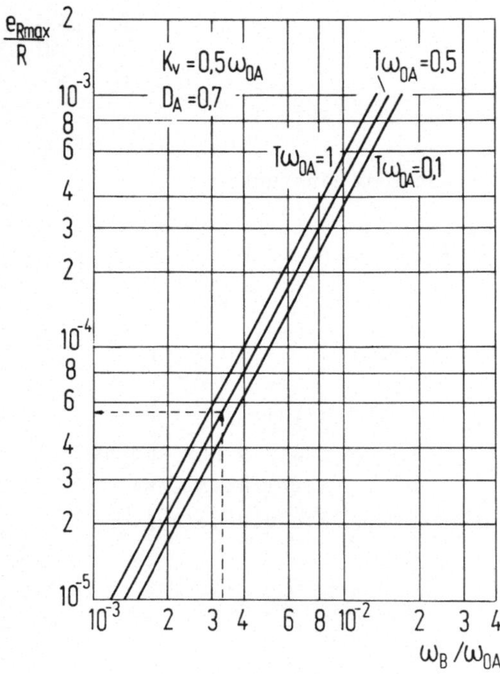

Bild 3.8:
Bahnabweichung als Funktion von Winkelgeschwindigkeit ω_B und Abtastzeit T.

Beispiel: Bei einem Vorschubantrieb mit Kennkreisfrequenz ω_{0A}=120 s^{-1}, Dämpfungsgrad D_A=0,7, eingestellter Geschwindigkeitsverstärkung K_v=0,5 ω_{0A} und Abtastzeit T ω_{0A}=0,5 erhält man gemäß Bild 3.8 bei einer Winkelgeschwindigkeit ω_B=0,4 s^{-1} (v_B=1200 mm/min, R=50 mm) eine Radiusabweichung e_R=0,003 mm.

3.2.2.2 Bahnabweichung aufgrund unterschiedlicher Antriebsdynamik und Antriebsverstärkung

Als Führungsfrequenzgänge der Vorschubantriebe werden Verzögerungsglieder zweiter Ordnung betrachtet /24/

$$F_{Ax} = \frac{v_{ix}(p)}{v_{sx}(p)} = \frac{K_{Ax}}{(\frac{1}{\omega_{0Ax}})^2 p^2 + \frac{2D_A}{\omega_{0Ax}} p + 1} \qquad (3.20)$$

$$\text{und} \quad F_{Ay} = \frac{v_{iy}(p)}{v_{sy}(p)} = \frac{K_{Ay}}{(\frac{1}{\omega_{0Ay}})^2 p^2 + \frac{2D_A}{\omega_{0Ay}} p + 1} \quad \cdot \qquad (3.21)$$

Zur Erhaltung der Bahngenauigkeit sind bei der Bahnregelung
gleiche Antriebsdynamik und gleiche Antriebsverstärkung in
einzelnen Achsen erforderlich, d.h. $\omega_{0Ax} = \omega_{0Ay}$ und $K_{Ax} = K_{Ay}$.
In der Praxis ist es schwierig, die Antriebsdynamik und Antriebsverstärkung in allen Achsen exakt gleich einzustellen.
Dadurch folgen $\omega_{0Ax} \neq \omega_{0Ay}$ und $K_{Ax} \neq K_{Ay}$. In diesem Abschnitt
wird geprüft, wie sich die Bahnregelung in diesem Fall verhält
und welche Bahngenauigkeit bei ungleichen Vorschubantrieben
noch erreicht werden kann.

Bild 3.9 zeigt den Einfluß der ungleichen Antriebsdynamik
($\omega_{0Ax} < \omega_{0Ay}$) auf die bezogene maximale Radiusabweichung
e_{Rmax}/R und den Istbahnverlauf, wobei sich die Abtastzeit T
und die Geschwindigkeitsverstärkung K_v nach der Kennkreisfrequenz ω_{0Ay} richten. Hier sieht man, daß sich eine Ellipsenbahn ergibt, deren große Achse auf der x-Achse liegt.

Aus Bild 3.10 läßt sich der Zusammenhang zwischen Radiusabweichung, ungleicher Antriebsverstärkung $K_{Ax} \leq K_{Ay}$ und Winkelgeschwindigkeit ω_B erkennen. Aus ungleicher Antriebsverstärkung
$K_{Ax} < K_{Ay}$ folgt eine Ellipsenbahn, deren große Achse mit der
x-Achse einen $45°$-Winkel bildet. Die maximale Bahnabweichung
tritt an dieser Stelle auf.

Beispiel: Bei Vorschubantrieben mit Kennkreisfrequenz
$\omega_{0Ax} = \omega_{0Ay} = 120$ s^{-1}, Dämpfungsgrad $D_A = 0,7$,
Abtastzeit $T\omega_{0A} = 0,5$, Geschwindigkeitsverstärkung
$K_v = 0,7\,\omega_{0A}$, Antriebsverstärkung $K_{Ax} = 0,9$ und $K_{Ay} = 1,0$
erhält man gemäß Bild 3.10 bei einer Winkelgeschwin-
digkeit $\omega_B = 0,4$ s^{-1} ($v_B = 1200$ mm/min, R=50 mm) eine
maximale Radiusabweichung $e_{Rmax} = 0,014$ mm.

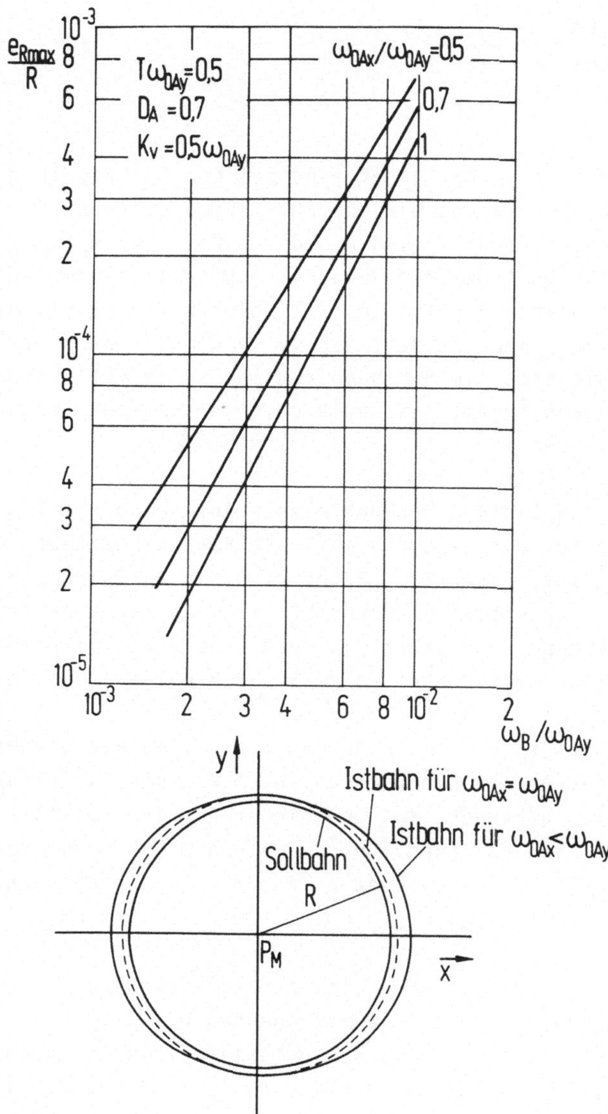

Bild 3.9: Bahnabweichung aufgrund der ungleichen Antriebsdynamik in einzelnen Achsen.

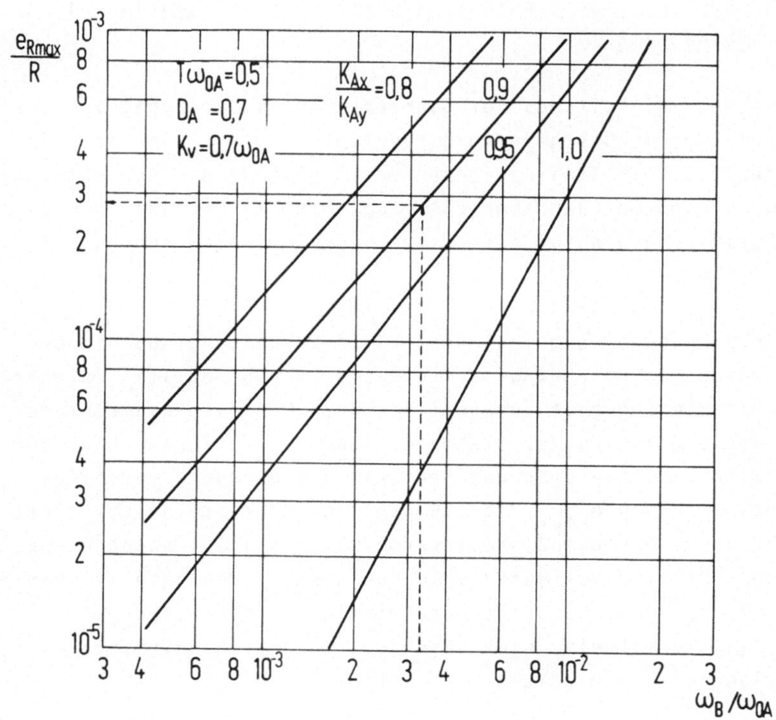

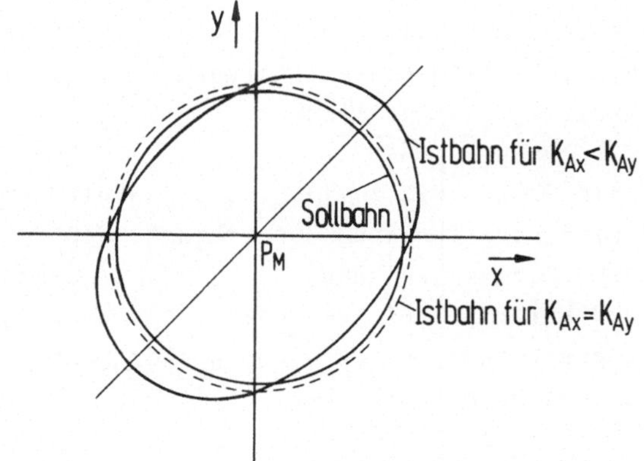

Bild 3.10: Bahnabweichung aufgrund der ungleichen Antriebsverstärkung in einzelnen Achsen.

3.2.3 Wahl der Geschwindigkeitsverstärkung und Einfluß der Abtastzeit

Die Bahngenauigkeit bei der Bahnregelung ist abhängig von der Einstellung der Geschwindigkeitsverstärkung K_v. Dies ist ein Maß für das Verhältnis zwischen der Amplitude des Korrekturvorschubs v_K und der Bahnabweichung e_R. Sie gibt an, wie schnell die Radiusregelung auf die auftretende Radiusabweichung reagieren kann.

Um die Bahnabweichung möglichst klein zu halten, muß man bemüht sein, die Geschwindigkeitsverstärkung K_v optimal zu wählen. Eine Optimierung gibt Auskunft darüber, wie die Parameter der Bahnregelung zueinander stehen sollen. Zur optimalen Wahl der Geschwindigkeitsverstärkung legt man die bezogene maximale Radiusabweichung e_{Rmax}/R als Gütekriterium fest und verändert die bezogene Geschwindigkeitsverstärkung K_v/ω_{0A} solange, bis sich das Minimum der Radiusabweichung e_{Rmax}/R einstellt. Damit wird die optimale bezogene Geschwindigkeitsverstärkung K_{vopt}/ω_{0A} ermittelt. Dies geschieht durch eine digitale Simulation der Bahnregelung nach Bild 3.5.

Die Bilder 3.11, 3.12 und 3.13 zeigen für unterschiedliche Abtastzeiten die bezogene maximale Bahnabweichung in Abhängigkeit von der bezogenen Geschwindigkeitsverstärkung K_v/ω_{0A} mit der Winkelgeschwindigkeit ω_B als Parameter.

In Bild 3.11 ist die Abtastzeit zu $T\omega_{0A}=0,5$ gewählt. Die Kurvenverläufe sind sich sehr ähnlich. Man erkennt, daß das Minimum für die bezogene Radiusabweichung e_{Rmax}/R bei nahezu gleichem $K_{vopt}/\omega_{0A}=0,7$ auftritt. Die Radiusabweichung e_{Rmax} ist bei kleiner Winkelgeschwindigkeit ω_B und großer Kennkreisfrequenz ω_{0A} des Vorschubantriebs kleiner.

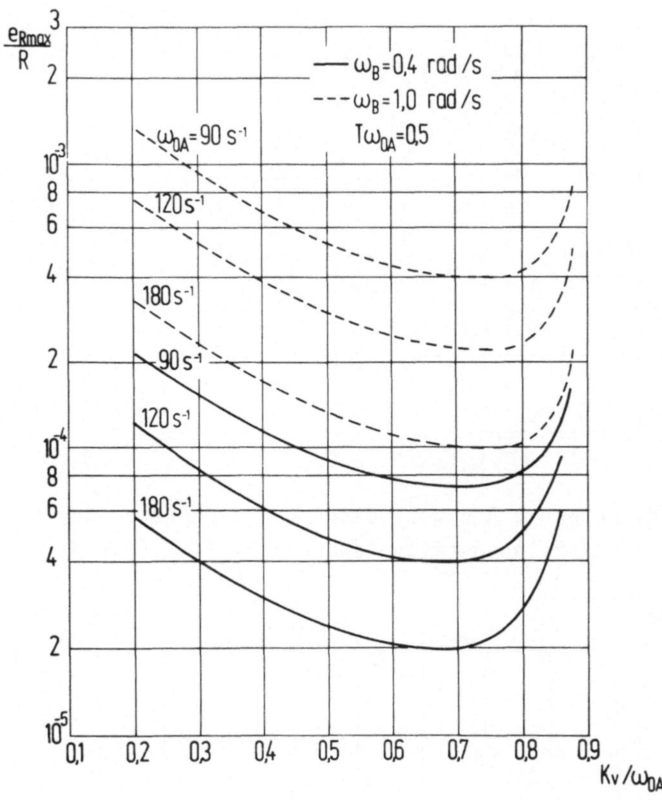

Bild 3.11: Bezogene Radiusabweichung als Funktion der bezogenen Geschwindigkeitsverstärkung K_v/ω_{0A} (für Abtastzeit $T\omega_{0A}=0,5$).

In den Bildern 3.12 und 3.13 sind die Abtastzeiten mit $T\omega_{0A}=1,0$ und 0,1 gewählt. Man erkennt, daß sich hier ebenfalls eine Ähnlichkeit der Kurvenverläufe zeigt. Die Unterschiede bestehen hauptsächlich darin, daß bei der Abtastzeit $T\omega_{0A}=0,1$ (Bild 3.13) im Bereich $K_v/\omega_{0A}=0,7...0,9$ die Radiusabweichung ungefähr konstant bleibt und bei $T\omega_{0A}=1,0$ (Bild 3.12) das Minimum nach links verschoben wird. Es liegt etwa bei $K_v/\omega_{0A}=0,5$. Eine große Abtastzeit führt zu einer Verringerung des Stabilitätsbereichs /26/.

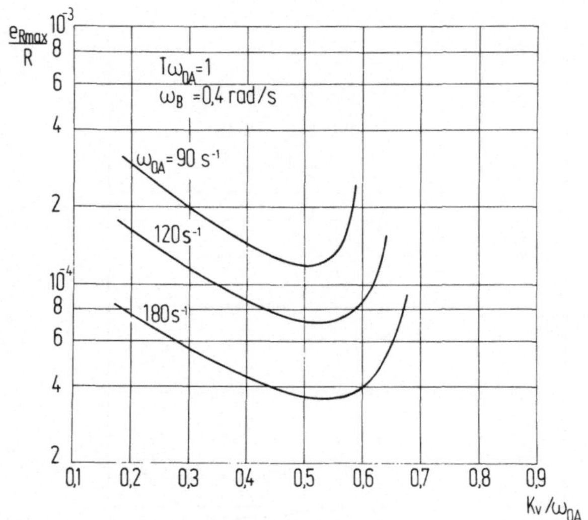

Bild 3.12: Bezogene Radiusabweichung als Funktion der bezogenen Geschwindigkeitsverstärkung K_V/ω_{0A} (für $T\omega_{0A}=1,0$).

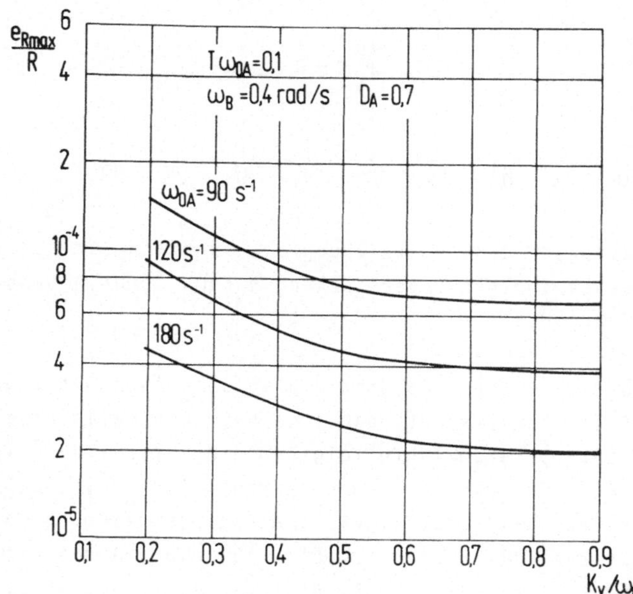

Bild 3.13: Bezogene Radiusabweichung als Funktion der bezogenen Geschwindigkeitsverstärkung K_V/ω_{0A} (für $T\omega_{0A}=0,1$).

<u>Bild 3.14</u> stellt die Beziehung zwischen Dämpfungsgrad D_A des
Vorschubantriebs und bezogener optimaler Geschwindigkeitsver-
verstärkung K_{vopt}/ω_{0A} dar. Hieraus erkennt man, daß der Dämpfungsgrad im üblichen Bereich der Vorschubantriebe $D_A=0,5$ bis
0,9 keinen wesentlichen Einfluß auf die erreichbare Bahngenauigkeit hat. Die optimale Geschwindigkeitsverstärkung K_{vopt}/ω_{0A}
ist allerdings unterschiedlich.

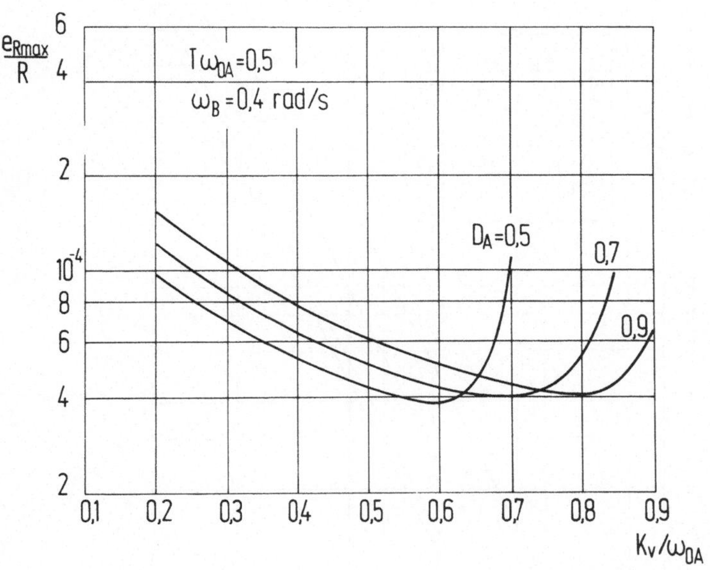

<u>Bild 3.14</u>: Einfluß des Dämpfungsgrades auf die optimale Ge-
schwindigkeitsverstärkung.

In <u>Tabelle 3.2</u> sind die optimalen Werte von K_v/ω_{0A} für unterschiedliche Abtastzeiten bei $D_A=0,7$ zusammengestellt.

$T\,\omega_{0A}$	K_v/ω_{0A}	D_A
0,1	0,7	0,7
0,5	o,7	0,7
1,0	0,5	0,7
1,5	0,3	0,7

Tabelle 3.2:

Werte optimaler
Geschwindigkeitsver-
stärkung.

Bild 3.15 zeigt den Zusammenhang zwischen bezogener Radiusabweichung e_{Rmax}/R, bezogener Winkelgeschwindigkeit ω_B/ω_{0A} und
der Abtastzeit, wobei die Geschwindigkeitsverstärkung jeweils
optimal gewählt ist. Hieraus kann bei gegebener Antriebsdynamik
und Abtastzeit die erreichbare Bahngenauigkeit entnommen werden.

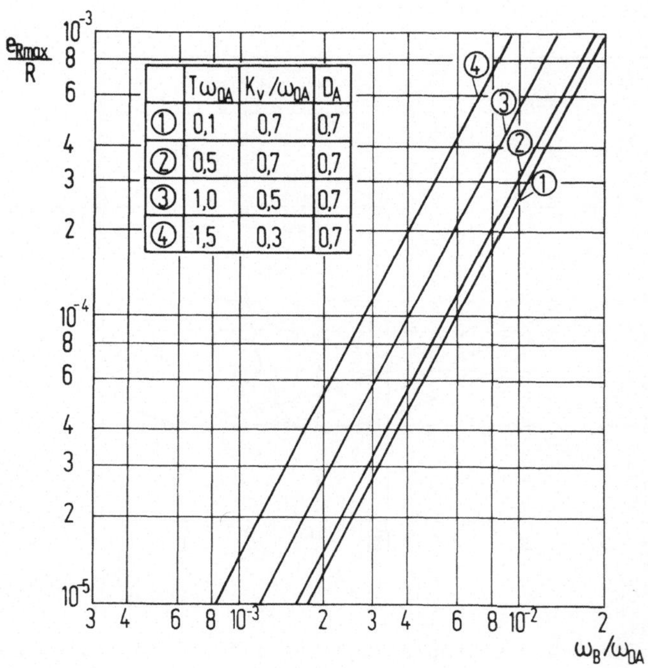

Bild 3.15: Erreichbare Bahngenauigkeit nach der optimalen
Einstellung der Geschwindigkeitsverstärkung.

Ein Vergleich der Kennlinien in Bild 3.15 zeigt, daß die Abtastzeit T einen bedeutenden Einfluß auf die Bahngenauigkeit
hat. Eine große Abtastzeit erfordert eine Reduzierung der Geschwindigkeitsverstärkung und führt damit zu größeren Bahnabweichungen. Die maximale zulässige Abtastzeit T_{max} wird durch
die Dynamik des Vorschubantriebs und die geforderte Regelgüte
festgelegt. Die minimale Abtastzeit T_{min} wird durch die erfor-

derliche Rechenzeit T_R begrenzt. Nach /26/ ergibt sich als
Richtwert für die Abtastzeit in Abhängigkeit der Antriebsdynamik

$$0,5 < T\,\omega_{0A} < 1,0 \ .$$

Diese Werte werden bei diesen Untersuchungen bestätigt. Wie
Bild 3.15 zeigt, wird für eine Abtastzeit $T\,\omega_{0A}=1,0$ eine wesentliche Verbesserung der Bahngenauigkeit gegenüber $T\,\omega_{0A}=1,5$
erzielt. Im Bereich $T\,\omega_{0A}=0,5 \ ... \ T\,\omega_{0A}=0,1$ ergibt sich nur
eine geringe Verbesserung. Damit ist zu empfehlen, daß die Abtastzeit im Bereich $0,5 < T\,\omega_{0A} < 1,0$ gewählt wird. Es ist besonders günstig, $T\,\omega_{0A}=0,5$ zu wählen, sofern die Rechenzeit T_R
ausreichend klein ist.

3.2.4   Beurteilung der Kreisbahnregelung

Um eine Aussage über die Vorteile der Bahnregelung machen zu
können, muß sie mit anderen Verfahren verglichen werden. In
diesem Abschnitt wird zunächst ein Beispiel für die Realisierung der Kreisbahnregelung aufgezeigt. Anschließend wird die
Bahnregelung mit konventionellen Interpolationsverfahren verglichen. Hierbei werden eine Analyse des Informationsflusses und
die experimentell an einer numerisch gesteuerten Fräsmaschine
bei beiden Verfahren erzielte dynamische Bahngenauigkeit gegen-
übergestellt.

3.2.4.1 Ein Beispiel für die Realisierung der Kreisbahn-
regelung

Im folgenden wird ein Beispiel für die Kreisbahnregelung auf
Mikroprozessorbasis beschrieben. Bei der Ausführung der Bahnregelung wird ein Mikrorechner TM990/100M eingesetzt. Er besitzt eine 16- bit- Zentraleinheit (CPU). Wird eine Genauigkeit höher als 16 bit verlangt, müssen die Daten durch große
Wortlängen softwaremäßig dargestellt werden.

Die gewünschten Daten an die Bahnregelung lassen sich folgendermaßen zusammenfassen:

Verfahrbereich: 10 m
Verfahrgeschwindigkeit: 6 mm/min bis 6 m/min
Radius: 1 mm bis 10 m
Wegauflösung: 2,5 µm

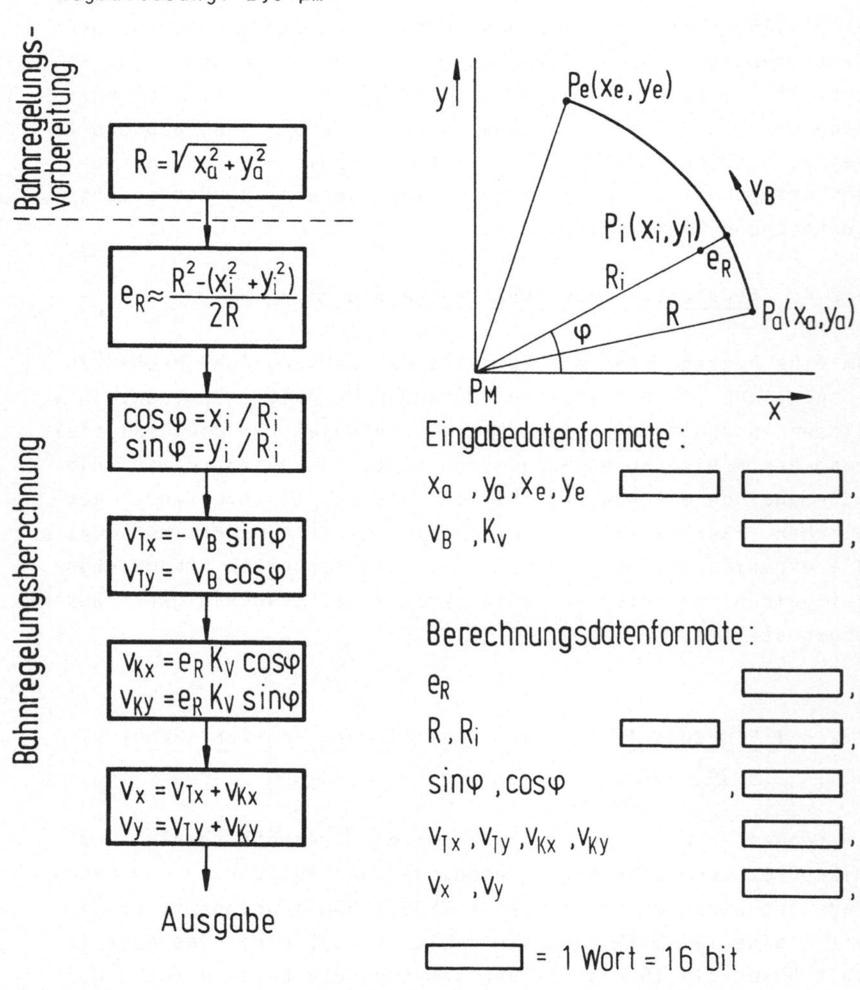

Bild 3.16: Flußdiagramm und Datenformate zur Kreisbahnregelung.

$\underline{\text{Bild 3.16}}$ zeigt das Flußdiagramm zur Vorbereitung und Berechnung der Geschwindigkeitskomponenten bei der Kreisbahnregelung. Die Koordinatenwerte werden in ein Koordinatensystem mit Ursprung im Kreismittelpunkt transformiert. Diese vereinfachende Wahl des Koordinatensystems ist zulässig, da die erforderliche Koordinatentransformation in einem $\underline{\text{CNC}}$- Rechner leicht durchführbar ist. Der Sollradius $R=\sqrt{x_a^2+y_a^2}$ wird in der Vorbereitungsstufe der Bahnregelung iterativ bestimmt. Die Radiusabweichung e_R wird durch folgende Methode schnell berechnet. Für den Istradius gilt: $R_i=R-e_R$

$$\text{bzw. quadriert:} \quad R_i^2=(R-e_R)^2 \ . \tag{3.22}$$

$$\text{Mit } R_i^2 = x_i^2+y_i^2$$

$$\text{bzw. } x_i^2+y_i^2 = R^2 - 2Re_R+e_R^2 \tag{3.23}$$

$$\text{und } e_R^2 \ll 2Re_R \tag{3.24}$$

läßt sich die Radiusabweichung $e_R=R-R_i= R-\sqrt{x_i^2+y_i^2}$ zu jedem Abtastzyklus näherungsweise berechnen mit

$$e_R \approx \frac{R^2-(x_i^2+y_i^2)}{2R} \quad , \tag{3.25}$$

wobei der auftretende Fehler des Näherungswertes für e_R

$$\varepsilon = e_R-e_{Rgenau} = -\frac{e_{Rgenau}^2}{2R} \tag{3.26}$$

vernachlässigbar ist. Die näherungsweise Berechnung der Radiusabweichung nach (3.25) hat den Vorteil, daß die Wurzelberechnung entfällt.

Um die Programmlaufzeit zu verringern bzw. Quadratsberechnung des Doppelwortes (x_i^2 und y_i^2) zu vermeiden, berechnet man die Funktion $R^2-(x_i^2+y_i^2)$ rekursiv

$$F_k(R,R_{ik}) = R^2 - (x_{ik}^2 + y_{ik}^2)$$

$$= R^2 - ((x_{i(k-1)} + \Delta x)^2 + (y_{i(k-1)} + \Delta y)^2) \ . \qquad (3.27)$$

Daraus ergibt sich

$$F_k(R,R_{ik}) = F_{k-1} - \Delta x(2x_{i(k-1)} + \Delta x) - \Delta y(2y_{i(k-1)} + \Delta y), \qquad (3.28)$$

wobei Δx und Δy die Achsinkremente in einem Abtastzyklus sind. Damit erhält man nach (3.25) die Radiusabweichung zu

$$e_R \approx \frac{F_{k-1} - \Delta x(2x_{i(k-1)} + \Delta x) - \Delta y(2y_{i(k-1)} + \Delta y)}{2R} \ . \qquad (3.29)$$

Bei der Ermittlung von $\sin\varphi = y_i/R_i$ und $\cos\varphi = x_i/R_i$ (siehe Bild 3.16) reicht eine Einfachwortgenauigkeit aus. Damit läßt sich die Rechenzeit verkürzen. Der dabei entstehende Fehler, der eine sehr kleine Abweichung der Vorschubrichtung verursacht, wird im nächsten Abtastzyklus wie eine Störung eliminiert bzw. ausgeregelt. Die Programmausführungszeit für die Berechnung in Bild 3.16 (ohne Bahnregelungsvorbereitung) beträgt ungefähr 3 ms.

3.2.4.2 Vergleich mit dem rekursiven Interpolationsverfahren

Das rekursive Interpolationsverfahren mit Feininterpolator entsprechend Abschnitt 2.1.1.3 und 2.1.1.4 läßt sich zum Vergleich mit der Bahnregelung heranziehen, da herkömmliche CNC- Systeme häufig nach diesem Prinzip arbeiten.

Wie in Bild 3.17 gezeigt, werden die Koordinatenwerte in ein Koordinatensystem mit Ursprung im Kreismittelpunkt transformiert. Das Flußdiagramm stellt die Berechnung bei der konventionellen Bahnsteuerung nach rekursiven Interpolationsverfahren dar. Aus der programmierten Bahngeschwindigkeit v_B und dem Grobinterpolationszyklus T_{gr} ergibt sich der in der Zeit T_{gr} zu durchfahrende Schritt Δs. Der Kreisradius R wird aus den Koordinatenwerten des Anfangspunktes bestimmt. Bei der Vorbereitung der Interpolation werden die trigonometrischen Funktionen des

Winkelschrittes $\sin\delta$ und $\cos\delta$ aus einer Taylorreihe ermittelt, die nach dem 3. bzw. 4 Glied abgebrochen wird.

$$\sin\delta = \delta - \frac{\delta^3}{3!} + \frac{\delta^5}{5!} \quad , \tag{3.30}$$

$$\cos\delta = 1 - \frac{\delta^2}{2!} + \frac{\delta^4}{4!} - \frac{\delta^6}{6!} \quad . \tag{3.31}$$

Diese Werte führen zusammen mit den Koordinatenwerten des Anfangspunktes zum ersten Stützpunkt $P_1(x_1,y_1)$ auf dem Kreisbogen

$$x_1 = x_a \cos\delta - y_a \sin\delta \, , \tag{3.32}$$

$$y_1 = y_a \cos\delta + x_a \sin\delta \, . \tag{3.33}$$

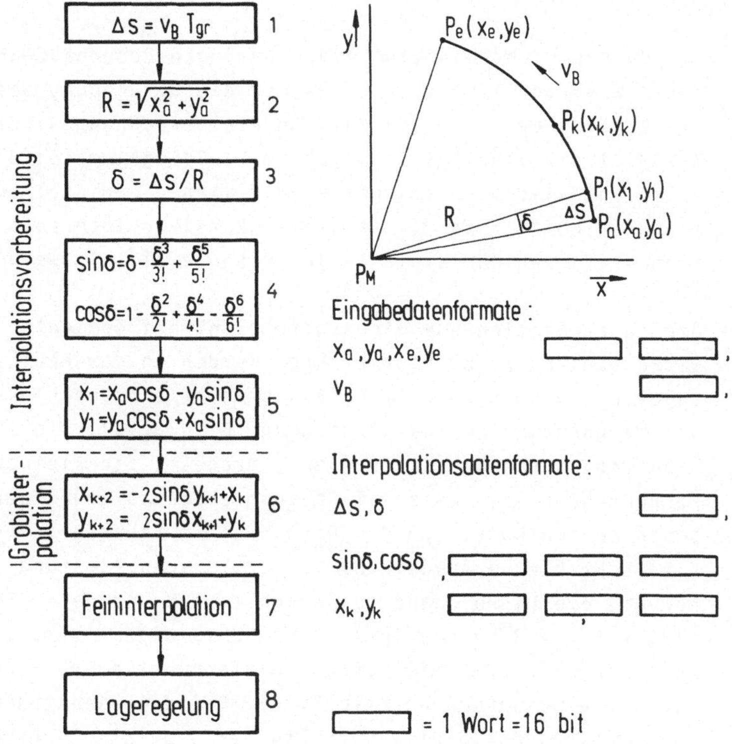

<u>Bild 3.17</u>: Flußdiagramm und Datenformate bei Zirkularinterpolation mit Rekursionsverfahren.

Die Rekursionsgleichung zur Bestimmung der Koordinatenwerte
der folgenden Stützpunkte lautet:

$$x_{k+2} = - 2 \sin\delta \; y_{k+1} + x_k \qquad\qquad (3.34)$$

$$y_{k+2} = 2 \sin\delta \; x_{k+1} + y_k \qquad\qquad (3.35)$$

Den rekursiven Berechnungen folgen die Feininterpolation mit
Software und Lageregelung.

Vergleicht man die Bahnregelung (Bild 3.16) mit konventioneller
Bahnsteuerung durch Interpolation und Lageregelung (Bild 3.17),
so ergeben sich folgende Unterschiede:

- die Bahnregelung benötigt einen geringen Rechenaufwand
  für die Vorbereitung, da dabei nur die Berechnung des
  Kreisradius erforderlich ist. Andere Berechnungen, zum
  Beispiel die Schritte 1,3,4,5 im Flußdiagramm (Bild
  3.17) entfallen. Insbesondere entfallen die Winkelfunk-
  tionen $\sin\delta$ und $\cos\delta$, die beim rekursiven Interpolationsverfahren durch die Taylorreihen ermittelt werden;

- die Interpolation und die Lageregelung bei dem entwickelten Bahnregelungsverfahren werden in der Radiusregelung zusammengefaßt. Daraus erfolgt ein geschlosse-
  ner Wirkungsweg zur Bahnerzeugung (Bild 3.18). Die Istbahn wird durch den Bahnregler geregelt. Ein kleiner
  Rechenfehler (zum Beispiel Abbruchfehler aufgrund der
  beschränkten Wortlänge des Rechners) im Bahnregler ruft
  eine sehr kleine Abweichung in der Vorschubrichtung
  hervor, die hinreichend ausgeregelt wird und deren Einfluß auf die Bahngenauigkeit vernachlässigbar ist. Damit
  kann man sich zum Teil auf die Einfachwortverarbeitung
  der Daten beschränken (Bild 3.16). Bei der Bahnsteuerung mit konventioneller Struktur erfolgt die Rückfüh-
  rung lediglich zum Ausgang des Interpolators (Bild 3.19).
  Die Ausgangsgrößen des Interpolators sind Sollkoordi-

naten x_s und y_s, deren Genauigkeit sich direkt auf die Bahngenauigkeit auswirken. Um die Fehlerfortpflanzung des Abbruchfehlers bei der Rekursiven Stützpunktberechnung zu beschränken, ist eine Doppel- und Dreifachwortverarbeitung erforderlich (Bild 3.17). Die softwaremäßige Mehrfachwortverarbeitung kostet jedoch Rechenzeit.

Zusammenfassend läßt sich feststellen, daß die Bahnregelung mit geringerem Rechenaufwand und Speicherbedarf verbunden ist.

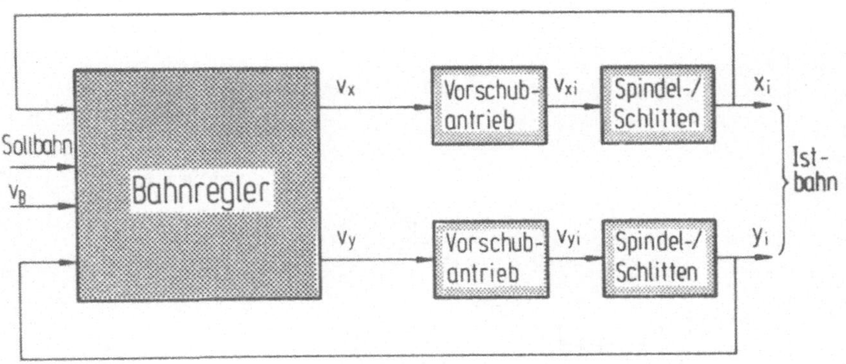

<u>Bild 3.18</u>: Bahnerzeugung mit Bahnregelung.

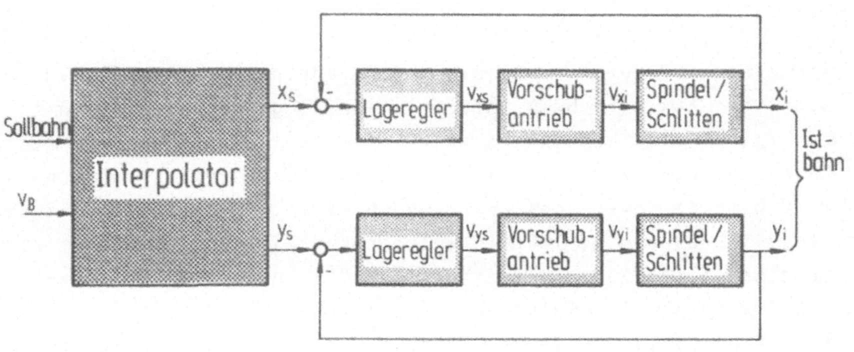

<u>Bild 3.19</u>: Bahnerzeugung mit Bahnsteuerung.

3.2.4.3 Vergleich mit Suchschritt- Verfahren

Es sei hier bemerkt, daß der Algorithmus des Bahnreglers mit
dem bekannten Suchschrittverfahren eng verwandt ist. Beide
beruhen auf der impliziten Funktionsgleichung $F(x,y)=0$, nach
der die richtige Vorschubrichtung so gesucht wird, daß die aus-
gerechneten Koordinatenwerte ständig auf der gegebenen Kurve
liegen.

Bild 3.20 zeigt die Arbeitsweise des Suchschrittverfahrens.

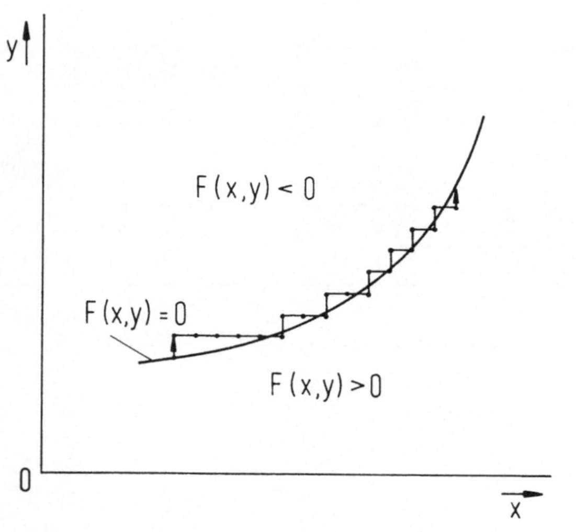

Bild 3.20:
Interpolation nach
dem Suchschrittver-
fahren.

Von einem auf der Kurve liegenden Anfangspunkt eines Bahnab-
schnittes aus wird beim Interpolationsvorgang zunächst ein
Schritt um eine Wegeinheit in x- oder y- Richtung ausgeführt.
Danach berechnet man bei jedem Interpolationszyklus den Funktionswert im jeweiligen Punkt und bestimmt in Abhängigkeit von
$F(x,y)>0$ oder $F(x,y)<0$, in welcher Koordinatenrichtung um eine
Wegeinheit fortzuschreiten ist. Für das in Bild 3.20 dargestellte Beispiel erfolgt bei $F(x,y)<0$ ein Schritt in x- Richtung, bei $F(x,y)>0$ in y- Richtung. Es entsteht bei diesem Verfahren prinzipiell kein Fehler, der größer als eine Wegeinheit
ist.

Bild 3.21 zeigt am Beispiel eine Zirkularinterpolation nach dem Suchschrittverfahren. Dabei liegt folgende Funktionsgleichung zugrunde

$$F(x,y)=x^2+y^2-R^2 \qquad\qquad (3.36)$$

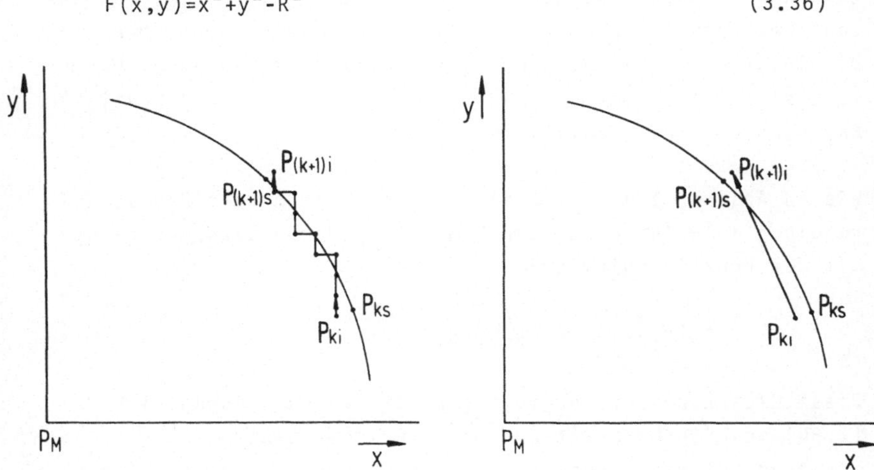

Bild 3.21: Zirkularinterpolation nach Such-
schrittverfahren.

Bild 3.22: Kreisbahnregelung.

Will man von Punkt P_{ki} nach $P_{(k+1)i}$ entlang einem Kreisbogen $\overline{P_{ks}P_{(k+1)s}}$ gelangen, so ist eine Reihe von Bewegungen um einzelne Schritte in x- oder y- Richtung, abhängig von $F(x,y)>0$ oder $F(x,y)<0$, durchzuführen.

Wird die Interpolationsfrequenz proportional zur programmierten Bahngeschwindigkeit v_B gewählt, so liefert das Suchschrittverfahren mit dieser Frequenz Weginkremente. Die erforderliche Steuerfrequenz f, d.h. die Anzahl der Steuerzyklen je Sekunde, ergibt sich aus folgender Gleichung

$$f=v_B/i \qquad\qquad (3.37)$$

i=Auflösung oder Weginkrement in mm.

Beispiel: Bei einer Vorschubgeschwindigkeit von v_B=1200 mm/min
und einer Auflösung von $\qquad$ i=0,002 mm
beträgt die Steuerfrequenz $\qquad$ f=10 000 Hz .

Eine hohe Bahngeschwindigkeit bei gleichzeitig kleiner Auflösung bewirkt also eine große zeitliche Belastung des Rechners.
Die Ausgabe von Einzelimpulsen mit einer solchen hohen Frequenz
läßt sich mit einem leistungsfähigen Mikroprozessor heutiger
Bauart noch nicht realisieren.

Wie in Abschnitt 3.2.1 bereits erwähnt beruht die Kreisbahnregelung im Prinzip auf der Ermittlung der Radiusabweichung
mit der Funktionsgleichung

$$e_R(x_i,y_i)= R- \sqrt{x_i^2+y_i^2}$$

Diese Gleichung ist vergleichbar mit der Funktionsgleichung
(3.36) beim Suchschrittverfahren. Bei der Bahnregelung entsteht
zu jedem Abtastintervall ein Geradenstück in tangentialer Richtung (Bild 3.22). Diese Richtung wird korrigiert, wenn der Istpunkt $P_i(x_i,y_i)$ nicht auf der gegebenen Kurve liegt.

Der Unterschied zwischen dem Suchschrittverfahren und der Bahn-
regelung liegt darin (vergleiche Bild 3.21 und 3.22), daß der
Bahnabschnitt $P_{ks}P_{(k+1)s}$ beim Suchschrittverfahren durch mehrere
Schritte bzw. mehrere Interpolationszyklen erzeugt wird, während
bei der Bahnregelung der Bahnabschnitt $P_{ks}P_{(k+1)s}$ in nur einem
Rechenzyklus entsteht. Daraus folgt eine starke Reduzierung der
Interpolationsfrequenz. Daher ist dieses Verfahren mit Software
leicht realisierbar.

3.2.5 <u>Untersuchungen an einer numerisch gesteuerten Werk-
zeugmaschine</u>

Neben eingehenden theoretischen Untersuchungen und digitalen
Simulationen über die Bahnregedung wurde eine praktisch ausgeführte Bahnregelung mit dem entwickelten Verfahren an einer

numerisch gesteuerten Fräsmaschine (Bild 3.23) untersucht. Ein
Mikrorechner TM990/100 übernimmt dabei die Bahnregelungsaufgabe.
Die auftretenden Bahnverzerrungen wurden quantitativ analysiert.

Bild 3.23: 3- Achsen- Fräsmaschine, Vorschubantriebe mit
           Gleichstrommotoren.

In Bild 3.24 ist der Aufbau der Versuchseinrichtung dargestellt.
Der Rechner enthält folgende Eingabedaten bzw. Programmteile:

Bahnvorgabe: x_a, y_a, x_e, y_e, R, v_B

Bahnregler: Gleichung (3.3), ..., (3.10)

Speicher der Lage- Istwerte: $x_i(1)$, ... , $x_i(k)$
                             $y_i(1)$, ... , $y_i(k)$

Bei der Untersuchung werden die von der Bahnregelung erzeugten
Koordinatenistwerte im Rechner der Steuerung abgespeichert. Danach werden sie durch den Plotter gezeichnet.

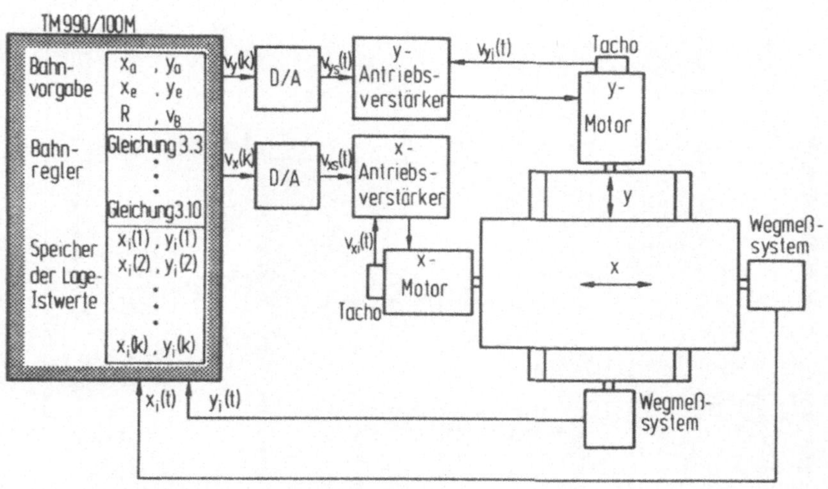

Bild 3.24: Aufbau der Versuchseinrichtung zur Bahnregelung.

Bild 3.25 zeigt das Bode- Diagramm, welches bei der Frequenz-
gangmessung des Vorschubantriebs mit Gleichstrommotor für die
x- Achse dieser Fräsmaschine mit einem Frequenzgangmeßplatz
ermittelt wurde. Der Antrieb für die y- Achse hat nahezu den
gleichen Frequenzgang. Die Kennkreisfrequenz des Vorschubantriebs beträgt

$$\omega_{0A} = 110 \ s^{-1}$$

und der Dämpfungsgrad

$$D_A = 0{,}8 \ .$$

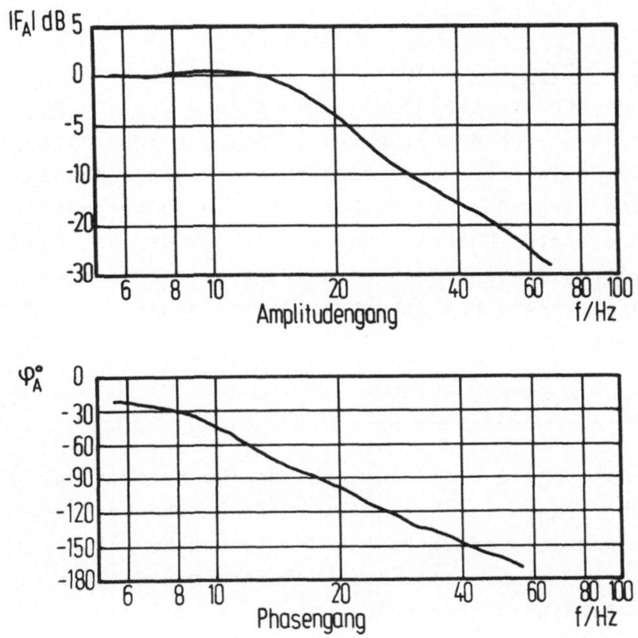

Bild 3.25: Bode- Diagramm des Vorschubantriebs.

Die Geschwindigkeitsverstärkung und die Abtastzeit werden gemäß Abschnitt 3.2.3 gewählt zu

$$K_V = 0,7 \quad \omega_{0A} = 80 \ s^{-1},$$

$$T = 0,5 / \omega_{0A} = 4 \ ms.$$

Die durch die Bahnverzerrung hervorgerufenen Abweichungen der
Istbahn von der Sollbahn sind abhängig von der Art der Test-
bahn, den Parametern des Vorschubantriebs und insbesondere der
Bahngeschwindigkeit. Zum Vergleich der Bahngenauigkeit mit der
Bahnregelung wurde die konventionelle Bahnsteuerung (Interpola-
tor und Lageregelung) ebenfalls untersucht.

3.2.5.1 Gleiche Antiebsverstärkung

Die Bilder 3.26, 3.28, 3.30 zeigen den Soll- und Istbahnverlauf
eines Kreises bei der Kreisbahnregelung. Bilder 3.27, 3.29,
3.31 zeigen zum Vergleich den Bahnverlauf bei der konventionellen Bahnsteuerung. Die dabei auftretenden dynamischen Bahnabweichungen wurden vergrößert gezeichnet, um sie zu verdeutli-
chen. Die durchgeführten Untersuchungen ergeben, daß die Bahnregelung im üblichen Vorschubgeschwindigkeitsbereich der Werkzeugmaschinen die dynamischen Bahnabweichungen ungefähr um den
Faktor 2 reduziert.

3.2.5.2 Ungleiche Antriebsverstärkung

Sowohl bei der Bahnregelung als auch bei der Bahnsteuerung
wird gleiches Übertragungsverhalten in beiden Achsen gefordert.
Durch ungleiche Antriebsverstärkungen der Vorschubeinheiten in
der x- und y- Achse ergeben sich bei kreisförmigen Sollbahnen
ellipsenförmige Istbahnen, deren Achsen mit den Koordinaten-
achsen einen Winkel von 45° bilden.

Ist die Verstärkung der x- Achse um 20% kleiner als die der
y- Achse, d.h. $K_{Ax}=0,8\ K_{Ay}$, ergeben sich Bahnabweichungen gemäß Bild 3.32 und 3.33. Die Bahnregelung zeichnet sich im Vergleich zur Bahnsteuerung durch eine starke Reduzierung der el-
lipsenförmigen Bahnverzerrung aus.

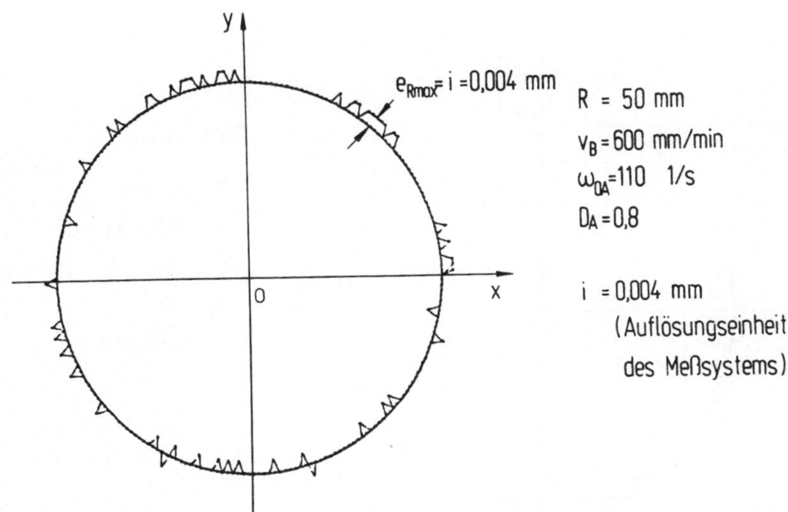

Bild 3.26: Verzerrung der Kreisbahn bei der Bahnregelung (v_B=600 mm/min).

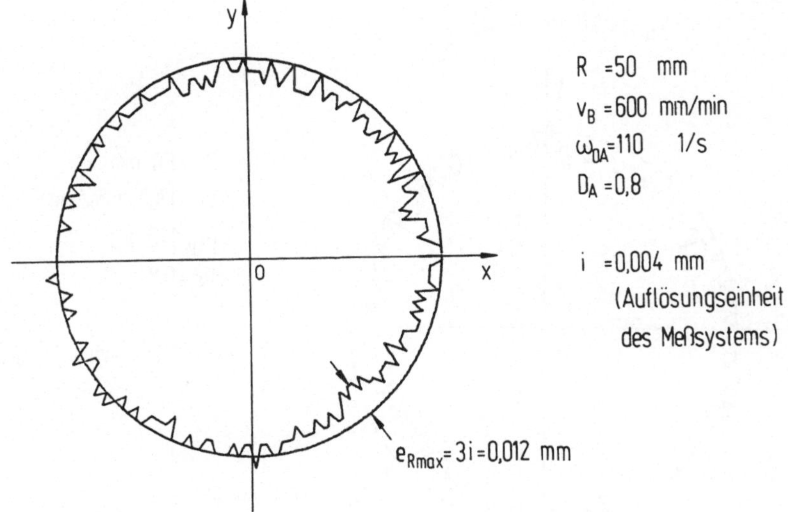

Bild 3.27: Verzerrung der Kreisbahn bei konventioneller Bahnsteuerung (v_B=600 mm/min).

64

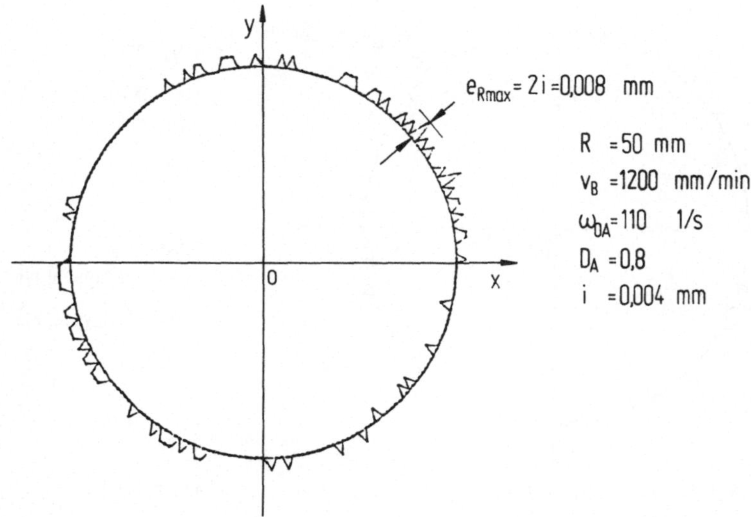

Bild 3.28: Verzerrung der Kreisbahn bei der Bahnregelung (v_B=1200 mm/min).

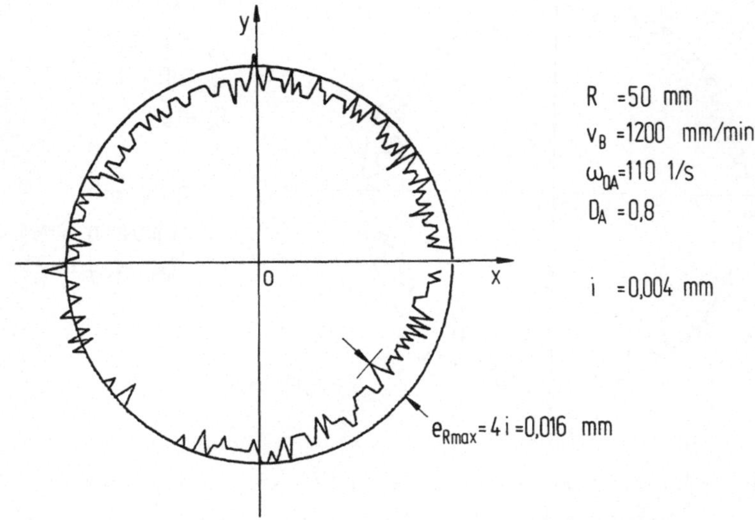

Bild 3.29: Verzerrung der Kreisbahn bei konventioneller Bahnsteuerung (v_B=1200 mm/min).

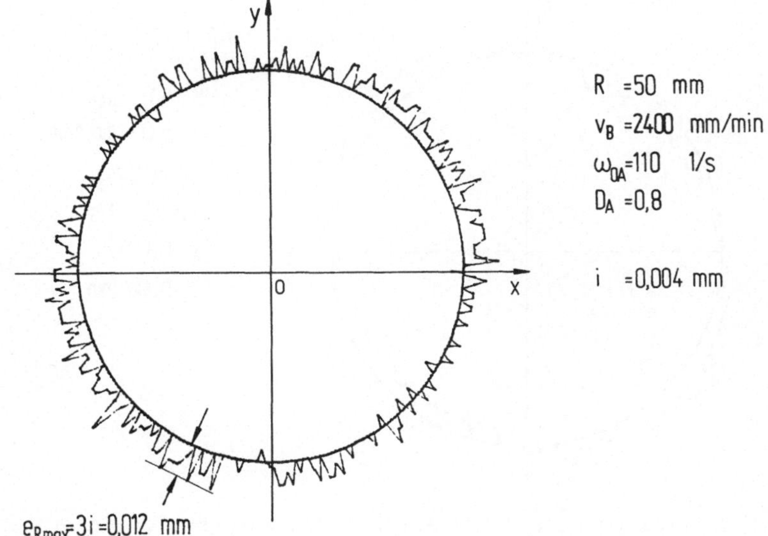

Bild 3.30: Verzerrung der Kreisbahn bei der Bahnregelung
(v_B=2400 mm/min).

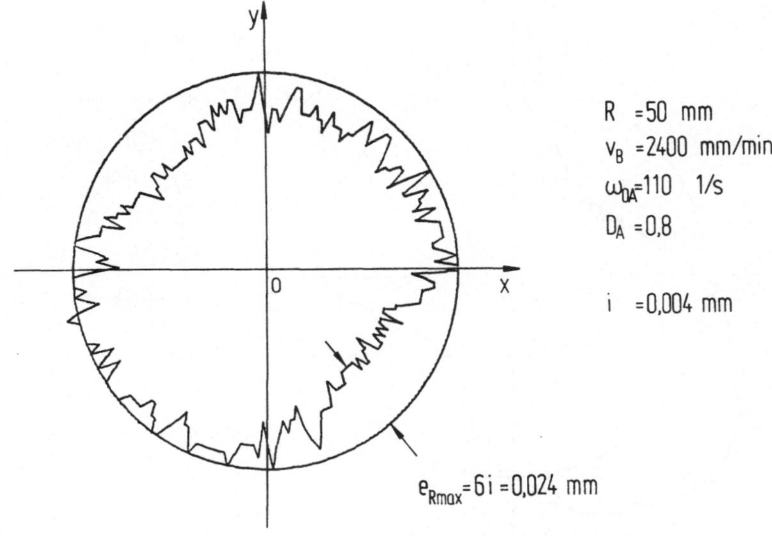

Bild 3.31: Verzerrung der Kreisbahn bei konventioneller
Bahnsteuerung (v_B=2400 mm/min).

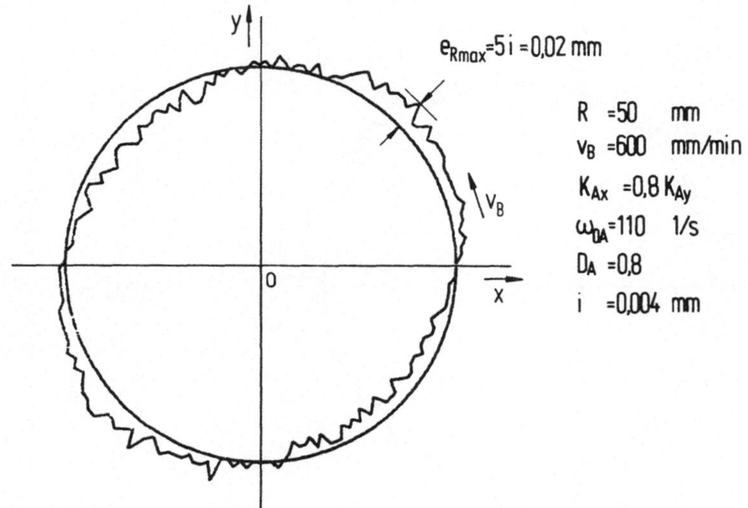

<u>Bild 3.32:</u>Verzerrung der Kreisbahn durch unterschiedliche Antriebsverstärkung der Vorschubantriebe (mit Bahnregelung).

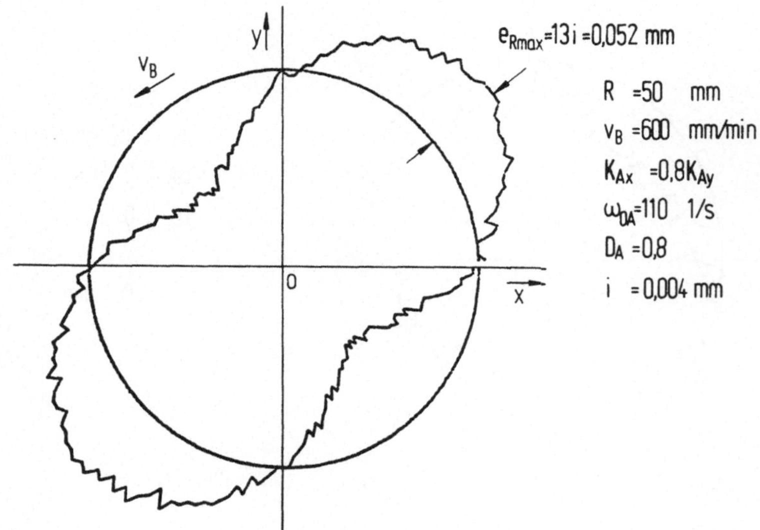

<u>Bild 3.33:</u> Verzerrung der Kreisbahn durch unterschiedliche Antriebsverstärkung der Vorschubantriebe (konventionelle Bahnsteuerung).

3.3 Untersuchung der Bahnregelung für die Geradenerzeugung

Als Beispiel für die Bahnregelung wurde in Abschnitt 3.2 ein
Verfahren zur Kreisbahnregelung beschrieben. Durch die Verän-
derung in der Strategie zur Bahnregelung können verschiedene
Bahnregelungsarten realisiert werden. In diesem Abschnitt wird
gezeigt, wie dieses Bahnregelungsverfahren auch zur Geradener-
erzeugung angewendet werden kann.

3.3.1 Prinzipielle Darstellung

Ausgangspunkt für die Diskussion der Linearbahnregelung ist
eine in Bild 3.34 dargestellte Gerade.

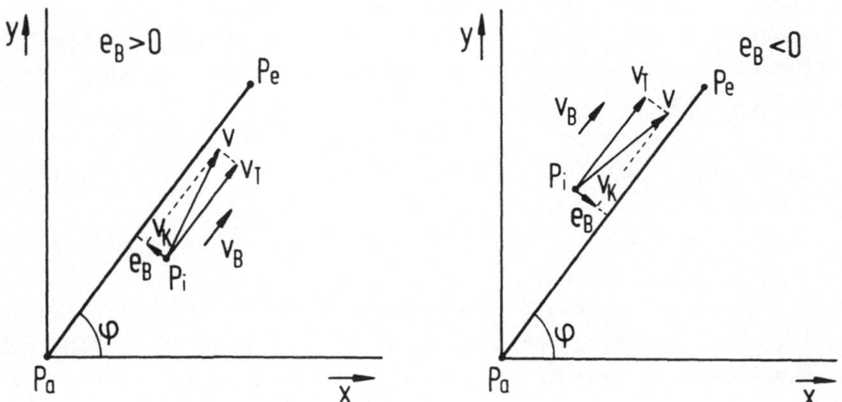

Bild 3.34: Darstellung der Geradenbahnregelung.

Die Bahn sei gegeben durch die Koordinaten des Anfangspunktes
$P_a(x_a,y_a)$ und des Endpunktes $P_e(x_e,y_e)$, wobei die Koordinatenwerte zunächst in ein Koordinatensystem mit Ursprung im Anfangspunkt transformiert werden.

Die Vorschubrichtung, ausgedrückt in $\sin\varphi$ und $\cos\varphi$, wird am
Anfang der Bahnregelung einmalig vorab berechnet. Der tangentiale Vorschub v_T entsteht durch folgende Gleichungen:

$$v_{Tx} = v_B \cos\varphi \tag{3.38}$$

$$v_{Ty} = v_B \sin\varphi . \tag{3.39}$$

Weicht der Istpunkt $P_i(x_i,y_i)$ von der Geraden ab, wird die Bahnabweichung e_B bestimmt durch die Gleichung für den Abstand
eines Punktes $P_i(x_i,y_i)$ von einer Geraden

$$e_B = x_i \sin\varphi - y_i \cos\varphi . \tag{3.40}$$

Diese Abweichung ist für alle vier Quadranten eindeutig. Die
Lage des Punktes P_i in Bezug auf die Geraden wird durch das Vorzeichen von e_B angegeben. Entsprechend der Abweichung e_B wird
ein Korrekturvorschub v_K erzeugt, um diese Abweichung zu kompensieren. Als Komponenten des Korrekturvorschubs werden in der
x- und y- Achse

$$v_{Kx} = -e_B K_v \sin\varphi \tag{3.41}$$

$$v_{Ky} = e_B K_v \cos\varphi \tag{3.42}$$

angesetzt, wobei K_v wieder die Geschwindigkeitsverstärkung dar-
stellt. Der Korrekturvorschub v_K wird dem tangentialen Vorschub
v_T überlagert. Daraus folgt als resultierender Sollwert für die
Vorschubgeschwindigkeit wie bei der Kreisbahnregelung

$$v_x = v_{Tx} + v_{Kx} \tag{3.43}$$

$$v_y = v_{Ty} + v_{Ky} . \tag{3.44}$$

<u>Bild 3.35</u> zeigt die Struktur bei der Geradenbahnregelung.
Die Istkoordinaten $x_i(t)$ und $y_i(t)$ werden im Abtastzeitpunkt
$t = kT$ erfaßt. Mit Hilfe der Gleichungen (3.38) bis (3.44) werden
daraus die neuen Stellgrößen $v_x(k)$ und $v_y(k)$ berechnet und den
Vorschubantrieben zugeführt.

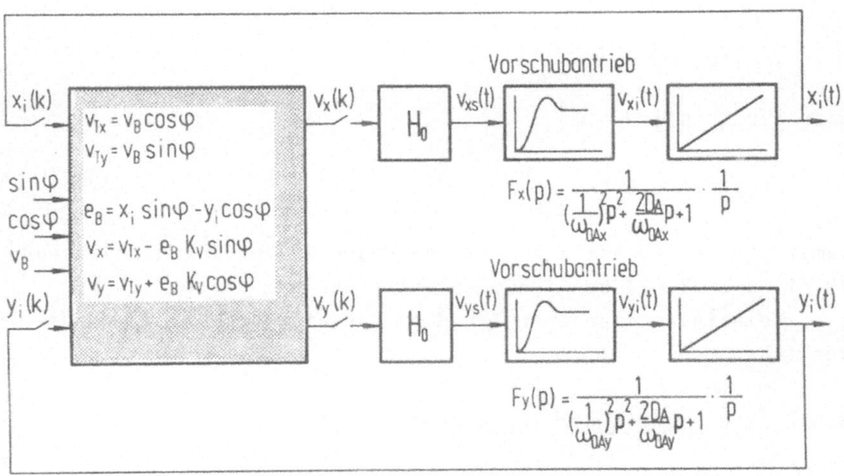

Bild 3.35: Struktur der Geradenbahnregelung.

Der Korrekturvorschub v_K kann auch durch eine Korrekturkomponente in nur einer Achse (Bild 3.36) entstehen (anstelle der Gleichungen (3.41) und (3.42)).

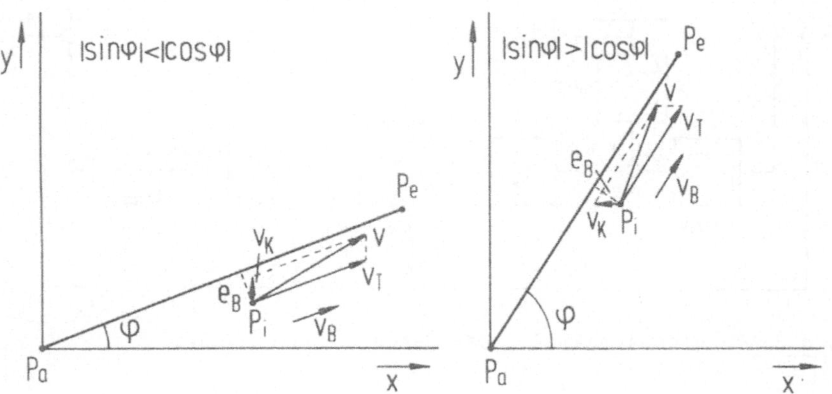

Bild 3.36: Korrektur durch eine Komponente v_K.

Dabei ist für $|\sin\varphi| \geq |\cos\varphi|$

$$v_K = v_{Kx} = -e_B K_v \left|\frac{1}{\sin\varphi}\right| \qquad\qquad (3.45)$$

oder für $|\sin\varphi| < |\cos\varphi|$

$$v_K = v_{Ky} = e_B K_v \left|\frac{1}{\cos\varphi}\right| \quad . \qquad\qquad (3.46)$$

Damit ist im Gegensatz zu dem vorgenannten Verfahren (Gleichung (3.41) und (3.42) bei jedem Abtastzyklus nur die Berechnung einer einzigen Komponente für den Korrekturvorschub v_K erforderlich.

3.3.2 Genauigkeit der Geradenbahregelung

Aus der Darstellung in Bild 3.35 erhält man das in Bild 3.37 dargestellte Blockschaltbild. Die Geradenbahnregelung wird durch einen Regelkreis nachgebildet.

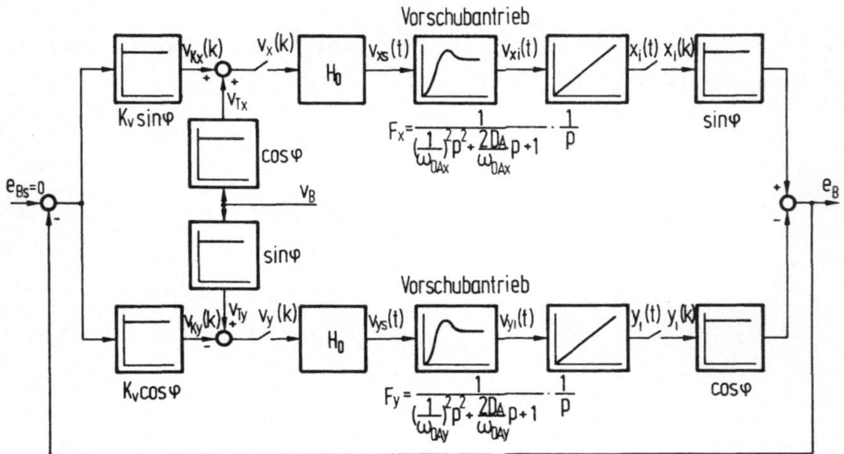

Bild 3.37: Blockschaltbild der Geradenbahnregelung.

Die x- und y- Vorschubeinheiten sind darin die Regelstrecke. Die gewünschte Bahnabweichung $e_{Bs}=0$ ist die Führungsgröße.

Die Istbahnabweichung e_B, die durch die Überlagerung der Istkoordinatenwerte x_i und y_i entsteht, ist die Regelgröße. Sie
soll auf $e_B=0$ geregelt werden. Die Bahngeschwindigkeit v_B
greift als Störgröße in das System ein. Die folgende Analyse
wird der Einfachheit halber am kontinuierlichen Regelkreis
durchgeführt.

Haben die x- und y- Vorschubantriebe ungleiche Antriebsverstärkungen, ist also

$$K_{Ax}= \delta K_{Ay} \quad \text{bzw.} \quad F_x(p)= \delta F_y(p)= \delta F(p)$$

mit $0<\delta<1$ und $K_{Ay}=1$,

so ergibt sich aus dem Bild 3.37 als Störfrequenzgang, d.h.
Zusammenhang zwischen der Bahnabweichung und der vorgegebenen
Bahngeschwindigkeit

$$\frac{e_B(p)}{v_B(p)} = \frac{F(p)}{1+K_v(\delta \sin^2\varphi +\cos^2\varphi) F(p)} \, \frac{1}{2} (1-\delta) \sin 2\varphi .$$

$$(3.47)$$

Die Wirkung eines Sprungs in der Bahngeschwindigkeit v_B auf
die Bahngenauigkeit wird berechnet durch

$$e_{Bspr}(p)= \frac{F(p)}{1+K_v(\delta \sin^2\varphi+\cos^2\varphi)F(p)} \, \frac{1}{2}(1-\delta)\sin 2\varphi \, \frac{v_B}{p} .$$

$$(3.48)$$

Nach dem Endwertsatz der Laplace- Transformation ist die stationäre Bahnabweichung bei der konstanten Bahngeschwindigkeit
v_B

$$\lim_{t \to \infty} e_B(t)=\lim_{p \to 0} p \, e_{Bspr}(p)$$

$$e_B \approx \frac{v_B(1-\delta) \sin 2\varphi}{2(\delta \sin^2\varphi+\cos^2\varphi)K_v} .$$

$$(3.49)$$

Dadurch weicht die Istbahn um den Abstand e_B parallel zur Sollbahn ab. Um diese Abweichung zu kompensieren, ist die Geschwindigkeitsverstärkung K_v möglichst groß zu wählen.

3.3.3 Untersuchung an einer numerisch gesteuerten Werkzeug-maschine

Um die Realisierbarkeit der Geradenbahnregelung nachzuweisen,
wurde sie an der in Bild 3.23 gezeigten Werkzeugmaschine untersucht.

3.3.3.1 Bahnabweichung durch Überschwingen

Bahnabweichungen treten bei Geradenbahnregelung vor allem bei
sprunghaften Bahnrichtungsänderungen, also beim Umfahren von
Ecken auf. Bild 3.38 und 3.39 zeigen Beispiele für den Bahnverlauf und die dabei auftretenden dynamischen Bahnabweichungen
beim Umfahren einer 90° - Ecke ohne Halt.

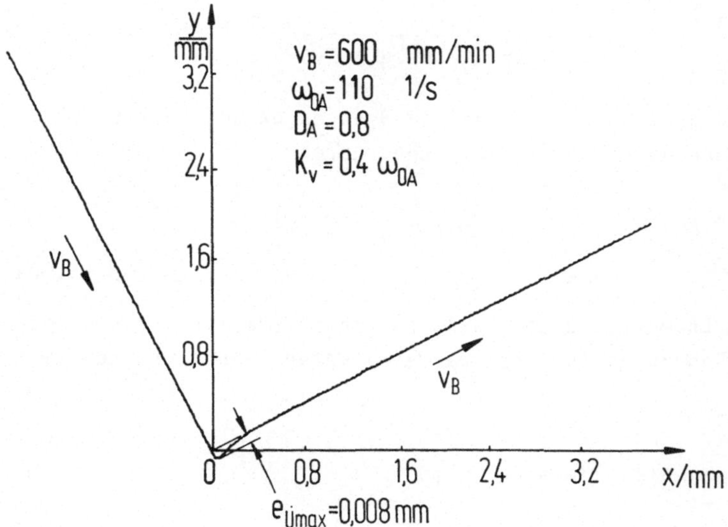

Bild 3.38: Bahnverzerrung bei einer 90° - Ecke (v_B=600 mm/min).

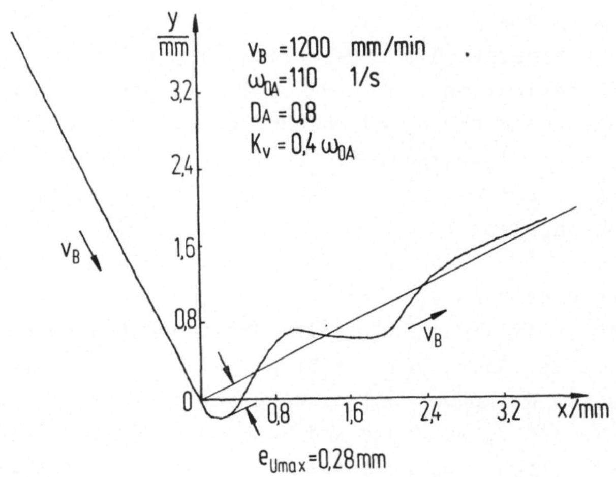

Bild 3.39: Bahnverzerrung bei einer 90° - Ecke (v_B=1200 mm/min).

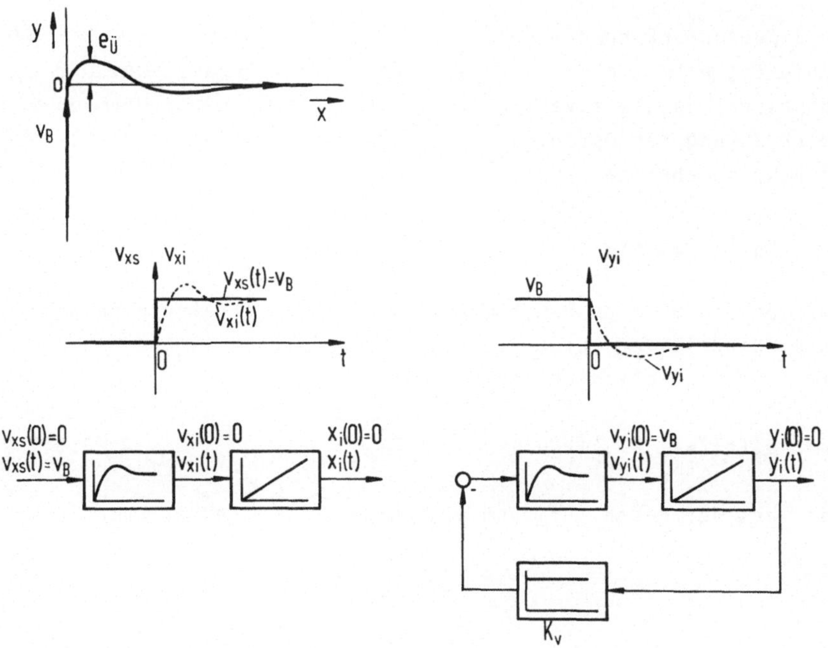

Bild 3.40: Vereinfachtes Blockschaltbild der Geradenbahnregelung beim Umfahren einer 90° - Ecke.

Im folgenden wird die Abhängigkeit der Überschwingabweichung $e_{\ddot{U}max}$ von den Parametern des Regelkreises angegeben. Bei einer Änderung der Bahnrichtung von $\varphi = 90^{\circ}$ auf $\varphi = 0^{\circ}$ im Zeitpunkt t=0 kann das Strukturbild der Geradenbahnregelung (Bild 3.37) zu einem zweiteiligen Blockschaltbild (Bild 3.40) vereinfacht werden. Daraus werden die zeitlichen Verläufe von $x_i(t)$ und $y_i(t)$ für $t > 0$ abgeleitet.

Aus der Anfangsbedingung $y_i(0)=0$, $\dot{y}_i(0)=v_{yi}(0)=v_B$ kann man nach dem Blockschaltbild in Bild 3.40 die Überschwingabweichung $e_{\ddot{U}}$ ermitteln. Da es bei der Bahnregelung keinen Schleppabstand gibt, ist die Überschwingabweichung sehr stark von der Bahngeschwindigkeit v_B abhängig und durch die Einstellung der Parameter des Systems (zum Beispiel K_v) nicht vermeidbar.

3.3.3.2 Beschränkung der Beschleunigung

Durch Beschränkung der Beschleunigung a_{fo} läßt sich die Bahngenauigkeit beim Wechsel der Vorschubrichtung verbessern. Der Bahngeschwindigkeitsverlauf $v_B(t)$ beim Anfahren und Bremsen mit Beschränkung der Beschleunigung wird durch die bekannte Beziehung beschrieben /25/

$$v_B(t) = a_{fo}t + v_B(0) \; . \tag{3.50}$$

Der von einem Rechner mit der Abtastzeit T gelieferte Bahngeschwindigkeitsverlauf (Bild 3.41) beim Beschleunigungs- bzw. Bremsvorgang läßt sich daraus ableiten.

$$v_B(kT) = a_{fo}T + v_B(kT-T) \; . \tag{3.51}$$

Die Wahl der Beschleunigung a_{fo} wurde in /25/ näher untersucht.

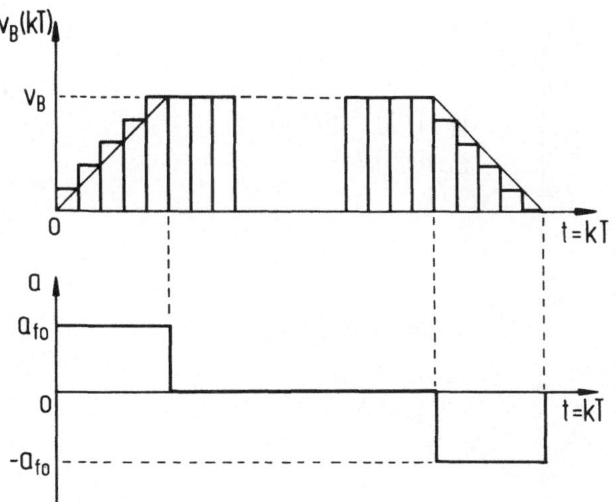

Bild 3.41: Anfahren und Bremsen mit Beschränkung der Beschleunigung.

Bild 3.42 und 3.43 zeigen den Bahnverlauf beim Wechsel der Vorschubrichtung mit Beschränkung der Beschleunigung, wobei auftretende Bahnabweichungen vergrößert aufgetragen sind.

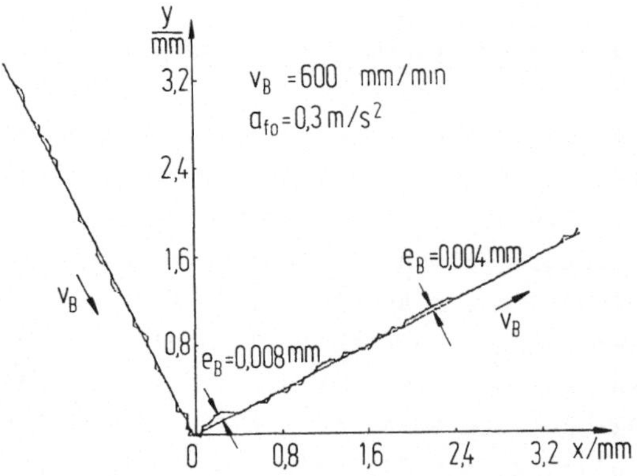

Bild 3.42: Bahnverzerrung beim Umfahren einer 90° - Ecke mit Beschränkung der Beschleunigung (v_B=600 mm/min).

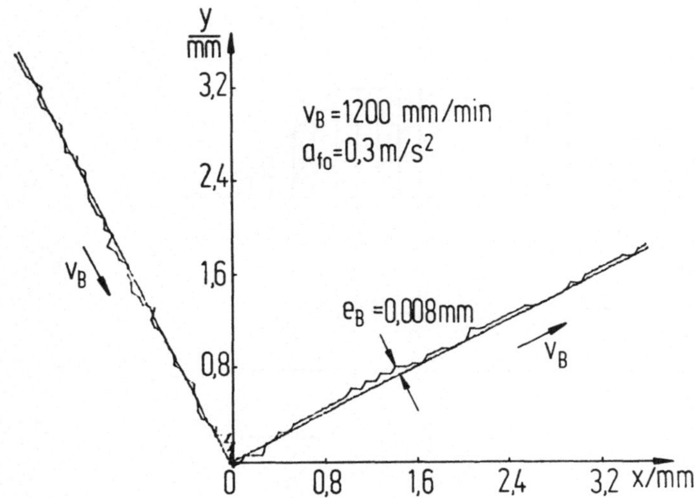

Bild 3.43: Bahnverzerrung beim Umfahren einer 90° - Ecke mit
Beschränkung der Beschleunigung (v_B=1200 mm/min).

Die Beschränkung der Beschleunigung bewirkt eine Verringerung
der Überschwingabweichung. Jedoch ist die Verlängerung der Be-
wegungsdauer eine Folge dieser Maßnahme /25/.

3.4 Untersuchung der Bahnregelung für allgemeine Kegelschnitte

Gerade und Kreisbogen sind die weitaus am häufigsten verwende-
ten Werkstück- Konturelemente. Andere Konturformen werden durch
Abschnitte einfacher Konturelemente approximiert. Neben Gera-
denstücken und Kreisbögen kommen bei starken Krümmungsänderun-
gen auch Parabelabschnitte zur Anwendung, da hier bei gleichem
Approximationsfehler größere Punktabstände möglich sind und
eine Bahn mit entsprechend geringerer Datenmenge beschrieben
werden kann. Die Parabelinterpolation ist ein Spezialfall der
Kegelschnittinterpolation, die Ellipsen- und die Hyperbelinter-
polation werden nur selten verwendet.

3.4.1 Beschreibung der Kegelschnittbahnregelung

Die Kegelschnitte, wie Parabel, Ellipse und Hyperbel, lassen
sich durch die allgemeine Funktionsgleichung

$$F(x,y)=ax^2+2bxy+cy^2+2dx+2ey+f=0 \qquad (3.52)$$

beschreiben. Bild 3.44 zeigt einen Punkt in der allgemeinen
Lage. Es sei angenommen, daß der Istpunkt $P_i(x_i,y_i)$ einen Abstand e_B von der gegebenen Sollbahn hat.

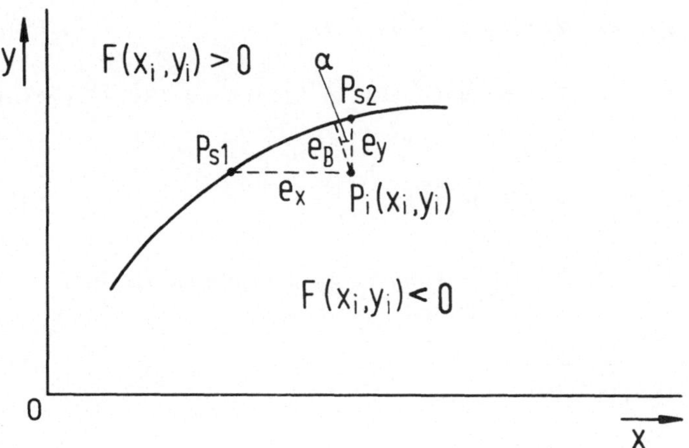

<u>Bild 3.44:</u> Zur Berechnung der Bahnabweichung bei Kegelschnitt-
bahnregelung.

Um die Bahnabweichung e_B zu kompensieren, ist deren Berechnung
notwendig. Eine direkte Berechnung von e_B ist rechenzeitauf-
wendig. Eine Annäherung der Bahnabweichung erfolgt durch Berechnung des Abstandes e_x oder e_y parallel zur x- bzw. y- Achse (Bild 3.44). Die Funktionsgleichung $F(x,y)=0$ kann zur Berechnung von e_x und e_y benützt werden.

Für einen beliebigen Punkt $P_i(x_i,y_i)$ außerhalb der Kurve gilt

$$F(x_i,y_i)\neq 0.$$

Man benützt zunächst für die Berechnung des Abstandes e_x den Punkt P_{s1} auf der Kurve. Für P_{s1} gilt die Funktionsgleichung

$$F(x_{s1}, y_{s1}) = 0$$

bzw. $\quad F(x_i + e_x, y_i) = 0 \; ,$ $\hfill (3.53)$

d.h. $\quad a(x_i + e_x)^2 + 2b(x_i + e_x)y_i + cy_i^2 + 2d(x_i + e_x) + 2ey_i + f = 0 \quad . \; (3.54)$

Für den Punkt $P_i(x_i, y_i)$ (nicht auf der Kurve) erhält man

$$F(x_i, y_i) = ax_i^2 + 2bx_i y_i + cy_i^2 + 2dx_i + 2ey_i + f \neq 0 \quad . \qquad (3.55)$$

Nach Einsetzen von Gleichung (3.55) in Gleichung (3.54) ergibt sich

$$ae_x^2 + 2ae_x x_i + 2be_x y_i + 2de_x + F(x_i, y_i) = 0 \quad . \qquad (3.56)$$

Der Abstand e_x läßt sich näherungsweise berechnen zu

$$e_x \approx -\frac{F(x_i, y_i)}{2(ax_i + by_i + d)} \quad , \qquad (3.57)$$

indem man e_x^2 in Gleichung (3.56) vernachlässigt.

Analog zur Berechnung des Abstandes e_x erhält man den Abstand e_y parallel zur y- Achse

$$e_y \approx -\frac{F(x_i, y_i)}{2(cy_i + bx_i + e)} \quad . \qquad (3.58)$$

Die bei der Kegelschnittbahnregelung im jeweiligen Punkt auftretende Bahnabweichung e_B kann durch den kleineren Wert von e_x und e_y approximiert werden.

Wegen $\quad e_B = e_y \cos\alpha$

oder $\quad e_B = e_x \cos(90^\circ - \alpha)$

mit $\quad 0^\circ \leq \alpha \leq 45^\circ$ (Bild 3.44) $\qquad$ bzw. $\quad 45^\circ \leq \alpha \leq 90^\circ$ und

damit $\quad 0{,}707 \leq \cos\alpha \leq 1 \quad$ bzw. $\quad 0{,}707 \leq \cos(90^\circ - \alpha) \leq 1$,

kann die folgende Näherung angenommen werden

$$e_B \approx e_y \qquad \text{für} \quad |e_y| < |e_x|$$

oder $\quad e_B \approx e_x \qquad \text{für} \quad |e_x| < |e_y|$. $\hspace{3cm}$ (3.59)

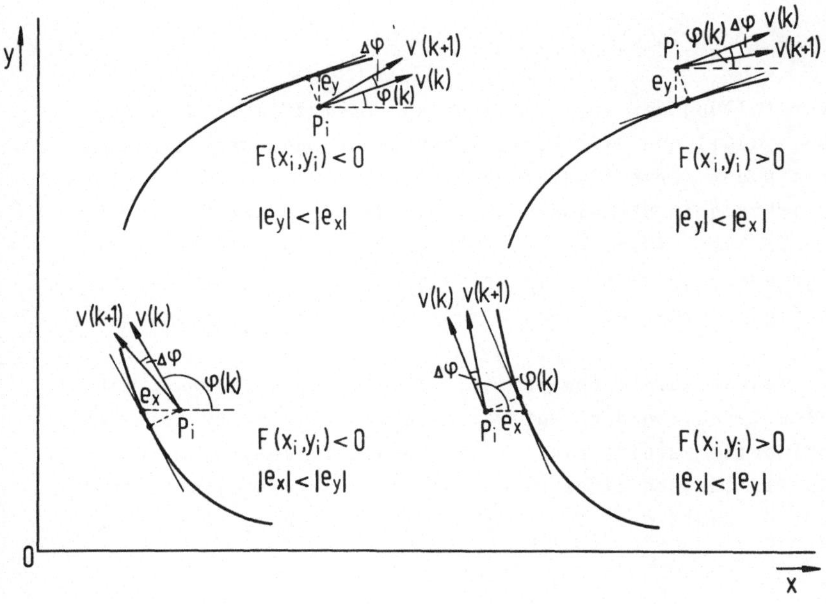

<u>Bild 3.45:</u> $\quad$ Änderung der Vorschubrichtung aufgrund der Bahnabweichung.

Diese näherungsweise ermittelte Bahnabweichung wird zur Korrektur der Vorschubrichtung und damit zur Kompensation der Bahnabweichung verwendet.

Die Korrektur der Vorschubrichtung erfolgt gemäß <u>Bild 3.45.</u> Die neue Vorschubrichtung (Winkel $\varphi(k+1)$) läßt sich aus dem aktuellen Winkel $\varphi(k)$ und einem Verstellwinkel $\Delta\varphi$ erzeugen. Dafür gilt

$$\varphi(k+1)=\varphi(k)+\Delta\varphi. \tag{3.60}$$

Der Verstellwinkel wird proportional zur Bahnabweichung e_B bestimmt durch

$$\Delta\varphi=- K_R \, |e_B| \, \mathrm{sgn}(F(x_i,y_i)) \tag{3.61}$$

mit $e_B \approx e_x$ bzw. $e_B \approx e_y$.

Die Verstellung der Vorschubrichtung erfolgt nach Gleichung (3.60), (3.61) und Bild 3.45. Immer dann, wenn der Istpunkt P_i außerhalb der Kurve liegt (d.h. $F(x_i,y_i)>0$) , dreht die Vorschubrichtung im Uhrzeigersinn, wenn der Istpunkt P_i innerhalb der Kurve liegt (d.h. $F(x_i,y_i)<0$), dreht die Vorschubrichtung im Gegenuhrzeigersinn, bis die Bahnabweichung zu Null wird. Somit findet eine Regelung auf $e_B=0$ bzw. $F(x_i,y_i)=0$ statt.

Die Gleichung (3.60) bewirkt bei der Ausregelung von e_B ein integrales Verhalten des Reglers. Da die Regelstrecke (die Vorschubeinheit) bereits ein I- Glied besitzt, setzt man in der Praxis stattdessen einen PI- Regler ein, um das System stabil zu halten. Damit ergibt sich analog zu Gleichung (3.60) und (3.61)

$$\varphi(t)=K_R\left[- |e_B| \, \mathrm{sgn}(F(x_i,y_i))+\frac{1}{T_N}\int_0^\tau - |e_B| \, \mathrm{sgn}(F(x_i,y_i))\,dt\right]+\varphi_0$$

$$\tag{3.62}$$

oder in diskreter Form

$$\varphi(k) = K_R \left\{ - \left| e_B(k) \right| \, \text{sgn} \left[F(x(k),y(k)) \right] + \right.$$

$$\left. + \frac{T}{T_N} \sum_{n=0}^{k} - \left| e_B(n) \right| \, \text{sgn} \left[F(x(n)) \right] \right\} + \varphi_0 \; . \tag{3.63}$$

Die Parameter K_R und T_N bestimmen den Zusammenhang der Bahnabweichung e_B und der Verstellung der Vorschubrichtung φ. Der
Anfangswinkel φ_0 wird aus dem Anfangspunkt $P_a(x_a,y_a)$ bzw. der
Tangente der Kurve im Punkt P_a bei der Bahnregelungsvorbereitung ermittelt. Man erhält die Komponenten der Vorschubgeschwindigkeit in x- und y- Richtung

$$v_x(k) = v_B \cos \varphi(k)$$

$$v_y(k) = v_B \sin \varphi(k) \tag{3.64}$$

Die trigonometrischen Funktionen $\sin\varphi$ und $\cos\varphi$ lassen sich
aus einer Tabelle bilden. Das Vorzeichen von v_B bestimmt die
Vorschubrichtung ($v_B > 0$: Bewegung im Uhrzeigersinn; $v_B < 0$: Bewegung im Gegenuhrzeigersinn). Bei der Kegelschnittbahnregelung
wird eine konstante Bahngeschwindigkeit im ganzen Verfahrbereich
gehalten.

Aus Gleichung (3.55),(3.57), (3.58), (3.63) und (3.64) läßt
sich ein Strukturbild der entwickelten Kegelschnittbahnregelung
ableiten (Bild 3.46).

3.4.2 Realisierung einer Kegelschnittbahnregelung mit Mikrorechner

Bei der Realisierung der Kegelschnittbahnregelung mit Mikrorechner ist die zeitliche Auslastung des Rechners als ein kri-
tischer Punkt zu beachten. Das Problem der zeitlichen Rechnerauslastung ergibt sich vor allem aus den zahlreichen Rechen-
schritten in Gleichung (3.55). Um eine zeitliche Überlastung
des Rechners zu vermeiden, bietet sich die rekursive Berechnung der Funktionsgleichung F(x,y) an.

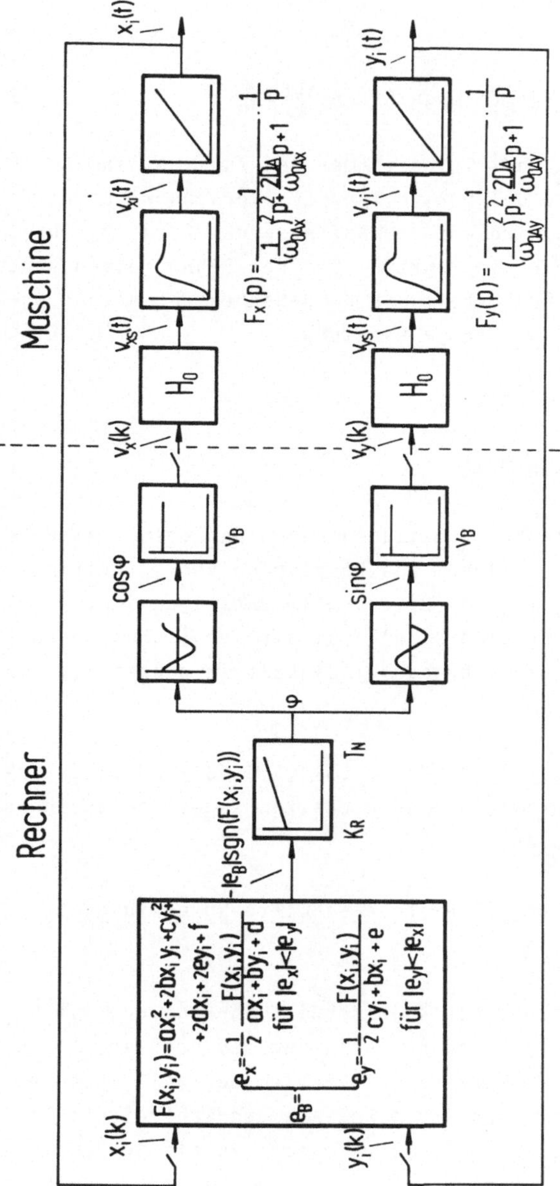

Bild 3.46: Blockschaltbild der Kegelschnittbahnregelung.

Weil $F(x,y)$ als Polynom dargestellt ist, kann der Funktionswert $F(x_{k+1},y_{k+1})$ des zu berechnenden Punktes aus dem aktuellen Funktionswert $F(x_k,y_k)$ und der Änderung ΔF_k des Funktionswertes beim Fortschreiten in der vorgesehenen Richtung ermittelt werden (Bild 3.47)

$$F(x_{k+1},y_{k+1}) = F(x_k + \Delta x_k,\ y_k + \Delta y_k)$$

$$= F(x_k,y_k) + \Delta F_k \quad . \tag{3.65}$$

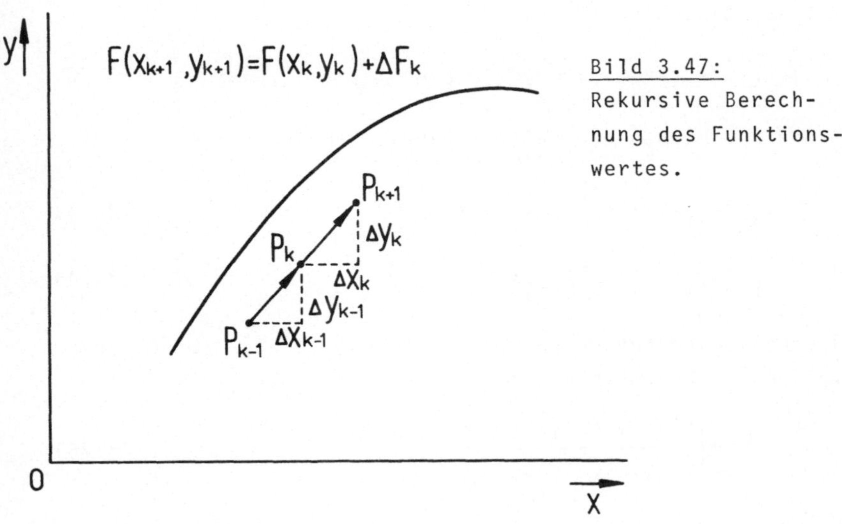

Bild 3.47:
Rekursive Berechnung des Funktionswertes.

Aus der Beziehung

$$F(x_{k+1},y_{k+1}) = ax_{k+1}^2 + 2bx_{k+1}y_{k+1} + cy_{k+1}^2$$

$$+ 2dx_{k+1} + 2ey_{k+1} + f \tag{3.66}$$

und $\quad x_{k+1} = x_k + \Delta x_k \tag{3.67}$

$$y_{k+1} = y_k + \Delta y_k \tag{3.68}$$

berechnet man den Funktionswert

84

$$\Delta F_k = (2(ax_k + by_k + d) + a\,\Delta x_k)\,\Delta x_k +$$

$$+ (2(cy_k + bx_k + e) + 2b\,\Delta x_k + c\,\Delta y_k)\,\Delta y_k \quad . \tag{3.69}$$

Mit den Abkürzungen

$$ax_k + by_k + d = S_{xk} \tag{3.70}$$

und
$$cy_k + bx_k + e = S_{yk} \tag{3.71}$$

folgt aus Gleichung (3.69)

$$\Delta F_k = (2S_{xk} + a\,\Delta x_k)\,\Delta x_k + (2S_{yk} + 2b\,\Delta x_k + c\,\Delta y_k)\,\Delta y_k. \tag{3.72}$$

S_{xk} und S_{yk} werden ebenfalls rekursiv ermittelt als

$$S_{xk} = S_{x(k-1)} + a\,\Delta x_{k-1} + b\,\Delta y_{k-1} \tag{3.73}$$

und
$$S_{yk} = S_{y(k-1)} + c\,\Delta y_{k-1} + b\,\Delta x_{k-1} \quad . \tag{3.74}$$

Man erhält näherungsweise nach Gleichung (3.57), (3.58) und (3.59) die Bahnabweichung im Punkt $P_{k+1}(x_{k+1}, y_{k+1})$

$$|e_B| \approx \frac{1}{2}\left|\frac{F(x_{k+1}, y_{k+1})}{S_{x(k+1)}}\right| \tag{3.75}$$

für $\quad |e_x| < |e_y| \quad$ bzw. $\quad |S_{x(k+1)}| > |S_{y(k+1)}|$

oder
$$|e_B| \approx \frac{1}{2}\left|\frac{F(x_{k+1}, y_{k+1})}{S_{y(k+1)}}\right| \tag{3.76}$$

für $\quad |e_y| < |e_x| \quad$ bzw. $\quad |S_{y(k+1)}| > |S_{x(k+1)}| \quad .$

Damit vereinfachen sich die Berechnungen erheblich, da die Anzahl der erforderlichen Multiplikationen deutlich verringert wurde. Der gesamte Programmablauf und die Datenformate der entwickelten Kegelschnittbahnregelung sind aus <u>Bild 3.48</u> zu ersehen.

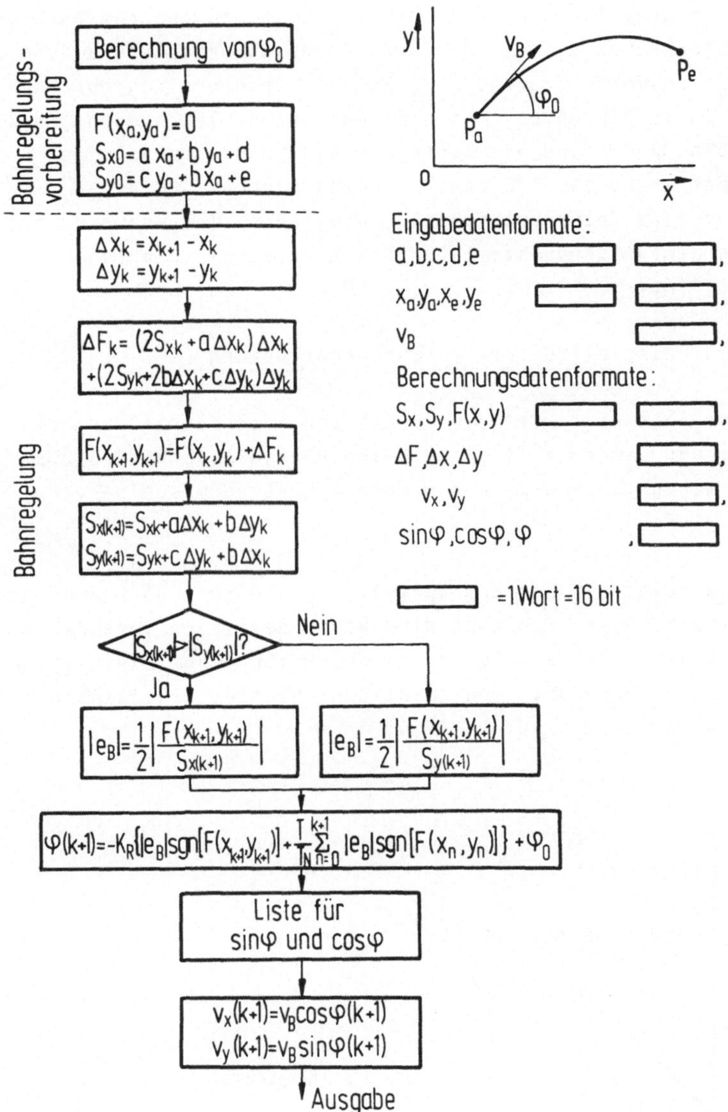

Bild 3.48: Flußdiagramm und Datenformate bei Kegelschnittbahn-regelung.

Bei der Bahnregelungsvorbereitung bestimmt man aus den Anfangs-
koordinatenwerten x_a , y_a die Anfangsvorschubrichtung φ_0 und
die Funktionswerte S_{x0} und S_{y0}. Bei der Bahnregelung berechnet
man die im vorliegenden Abschnitt genannten Gleichungen. Für
$\varphi = -2\pi$ bis $\varphi = 2\pi$ sind die Werte von $\sin\varphi$ und $\cos\varphi$ in einer
Liste (bestehend aus 628 Daten) abgespeichert, um die Berech-
nung über eine Reihenentwicklung zu umgehen. Insgesamt dauert
die Programmausführungszeit für die Kegelschnittbahnregelung
ungefähr 7 ms.

3.4.3 Ein Beispiel für die Parabelbahnregelung

In diesem Abschnitt wird eine praktisch ausgeführte Parabel-
bahnregelung dargestellt. Dabei wird die in Abschnitt 3.2.5
bereits genannte numerisch gesteuerte Werkzeugmaschine verwendet.

Bild 3.49 zeigt ein bei der Werkstückbearbeitung vorkommendes
Parabelstück. Diese Funktion wird wegen der stark veränderli-
chen Steigung gerne als Übergangskontur von einem Linienelement
zum nächsten verwendet, wenn möglichst glatte, d.h. tangentiale
Übergänge verlangt sind.

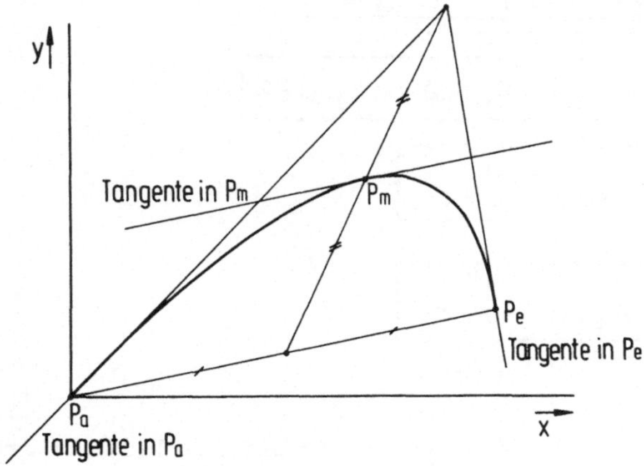

Bild 3.49: Konstruktion einer Parabelkurve.

Die Parabel beginnt im Punkt P_a, verläuft durch P_m und endet im Punkt P_e. Der Anfangspunkt wird mit Hilfe einer Koordinatentransformation in den Ursprung des x-,y- Koordinatensystems gelegt.

Die Bestimmung der Koeffizienten in der Gleichung

$$F(x,y)=ax^2+2bxy+cy^2+2dx+2ey+f=0$$

erfolgt am zweckmäßigsten aus drei gegebenen Bahnpunkten P_a, P_m und P_e gemäß der Parabelkonstruktion nach Bild 3.49. Da in diesem Fall f=0 ist, lassen sich alle für die Bahnregelung erforderlichen Koeffizienten ermitteln durch folgende Gleichungen /11/

$$\left\{ \begin{array}{l} ax_a^2+2bx_ay_a+cy_a^2+2dx_a+2ey_a=0 \\[1ex] ax_m^2+2bx_my_m+cy_m^2+2dx_m+2ey_m=0 \\[1ex] ax_e^2+2bx_ey_e+cy_e^2+2dx_e+2ey_e=0 \\[1ex] ac-b^2=0 \\[1ex] a(x_e-2x_m)+b(y_e-2y_m)=0 \end{array} \right. \qquad (3.77)$$

Für eine Parabel mit

Anfangspunkt $P_a=(0,0)$

Mittelpunkt $P_m=(70,50)$

Endpunkt $P_e=(100,20)$

ergeben sich die folgenden Koeffizienten

$$a=2 \, , \qquad b=-1 \, , \qquad c=0,5 \, ,$$

$$d=-101,25 \, , \quad e=101,25 \, .$$

<u>Bild 3.50 und 3.51</u> zeigen die an der numerisch gesteuerten Fräsmaschine erzeugten Parabelbahnkurven und die dabei auftretenden dynamischen Bahnabweichungen.

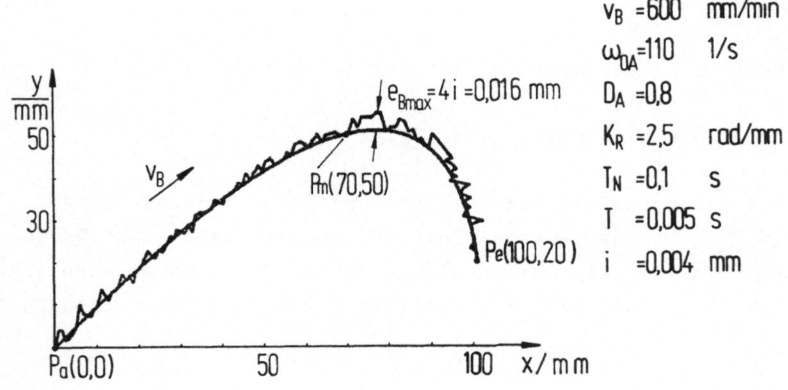

<u>Bild 3.50</u>: Verzerrung der Parabelbahn bei der Bahnregelung (v_B=600 mm/min).

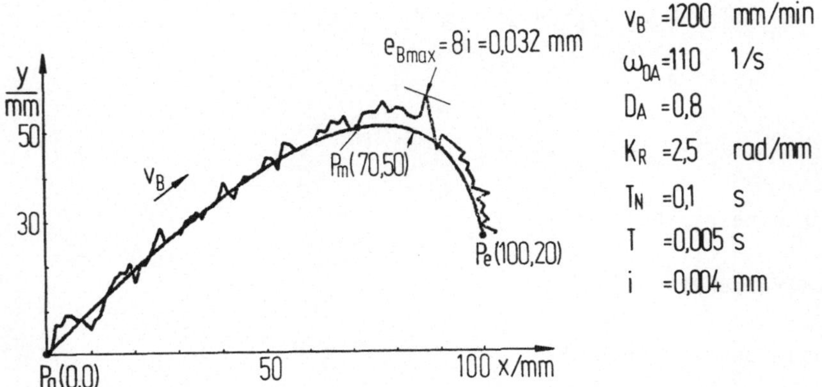

<u>Bild 3.51</u>: Verzerrung der Parabelbahn bei der Bahnregelung (v_B=1200 mm/min).

Die entstehende Bahnabweichung e_B ist von der Bahngeschwindigkeit v_B und der Parabelkrümmung im jeweiligen Punkt abhängig.
Je größer die Bahngeschwindigkeit und je stärker die Kurve ge-
krümmt ist, desto größer ist die auftretende Bahnabweichung.
Um den Zusammenhang zwischen Bahnabweichung, Krümmung der Kurve
und der Bahngeschwindigkeit zu ermitteln, empfielt es sich, die
Parabel durch verschiedene Krümmungskreise im jeweiligen Punkt
der Kurve zu ersetzen. So läßt sich die Bahnabweichung in ähn-
licher Weise wie diejenige der Kreisbahnregelung durch digitale
Simulation ermitteln. Es wird angenommen, daß sich der Istpunkt
P_i so entlang der Parabelkurve bewegt, als ob er sich entlang
verschiedener Kreise mit dem Krümmungsradius im jeweiligen
Punkt der Parabel bewegen würde.

Die maximal erreichbare Bahngeschwindigkeit v_{Bmax} bei dem entwickelten Bahnregelungsverfahren ist von der geforderten Bahngenauigkeit abhängig; demgegenüber wird bei den konventionellen
Kegelschnittinterpolationsverfahren, wie Suchschrittverfahren
oder DDA- Verfahren /1/, /10/, die erreichbare Bahngeschwindigkeit durch den Interpolationstakt bzw. die Programmlaufzeit
begrenzt. Es kann davon ausgegangen werden, daß bei der Parabel-
bahnerzeugung mit Bahnregelung eine höhere Bahngeschwindigkeit
erreicht werden kann als mit dem Suchschrittverfahren und dem
DDA- Verfahren. Außerdem wird eine konstante Bahngeschwindigkeit im ganzen Verfahrbereich durch die Bahnregelung gehalten.

Ebenso wie die Parabel als Sonderfall der Kegelschnittbahnregelung kann durch Eingabe anderer Parameter auch eine Ellip-
sen- und Hyperbelbahnregelung verwirklicht werden.

4 <u>Zusammenfassung</u>

Im Rahmen der vorliegenden Arbeit wurde ein neues Verfahren
zur numerischen Bahnsteuerung an Werkzeugmaschinen entwickelt
und diskutiert. Das Verfahren beruht auf dem Prinzip der Bahnregelung und ist besonders für die Implementierung in Steuerungen mit Mikrorechnern geeignet. Gegenüber konventionellen Steu-
erungsverfahren mit Interpolator und Lageregelung zeichnet
sich die Bahnregelung durch eine höhere dynamische Bahngenauigkeit bei gleichzeitig reduziertem Rechenaufwand im Steuerungs-
rechner aus.

Der erste Teil der Arbeit stellt allgemein die Steuerdatenverarbeitung bei numerisch gesteuerten Werkzeugmaschinen dar.
Hierbei werden insbesondere in Software realisierte Interpolationsverfahren und die Abtastlageregelung untersucht.

Daran anschließend wird die Grundstruktur der Bahnregelung vorgestellt und die prinzipielle Arbeitsweise der Bahnregelung abgeleitet, um daraus Algorithmen zur Kreis-, Geraden-, und allgemeinen Kegelschnittbahnregelung zu gewinnen.

Eine Analyse des Bahnregelungsverfahrens, die auf dem struktur-
ellen Aufbau beruht und mit Hilfe der digitalen Simulation
durchgeführt wird, gibt Aufschluß über Zusammenhänge zwischen
Bahngenauigkeit und Systemparametern (Maschine und Bahnregler)
und liefert Hinweise zur optimalen Einstellung des Bahnreglers.

Zur Beurteilung der Qualität der Bahnregelung wurde eine Ma-
schinensteuerung mit Mikrorechner aufgebaut und praktisch er-
probt. Die an einer damit gesteuerten NC- Maschine erhaltenen
Meßergebnisse weisen die Eignung des Bahnregelungsverfahrens
für die numerische Bahnerzeugung nach.

Eine Einschränkung besteht lediglich hinsichtlich der Zahl
simultan steuerbarer Achsen. Bei mehr als zwei Achsen werden

die Algorithmen zu kompliziert und führen zu längeren Programm-
laufzeiten in der Steuerung. Für die zweiachsige numerische
Bahnerzeugung ist das Verfahren jedoch konventionellen Bahnsteuerungen mit Interpolator und Lageregelung deutlich überle-
gen.

Schrifttum

/1/ Stute, G.   Steuerungstechnik der Werkzeug-
                                 maschinen.
                                 Manuskript zur Vorlesung 1977.

/2/ Herold, H.H.   Die numerische Steuerung in der
    Maßberg, W.   Fertigungstechnik.
    Stute, G.   Düsseldorf: VDI- Verlag 1971.

/3/ Simon, W.   Die numerische Steuerung von
                                 Werkzeugmaschinen.
                                 München: Hanser- Verlag 1971.

/4/ Weck, M.   Werkzeugmaschinen 3.
                                 Düsseldorf: VDI- Verlag 1979.

/5/ Spur, G   Rechnergeführte Fertigung.
    Weck, M.   München: Hanser- Verlag 1977.
    Stute, G.

/6/ Kiefer, H.B.   NC Handbuch.
                                 Michelstadt: NC Handbuch-
                                 Verlag 1980.

/7/ Duelen, G.   Steuerung von Werkzeugmaschinen
                                 mit Prozeßrechner.
                                 Dissertation, 1973, TU Berlin.

/8/ Derenbach, T.   Die CNC- Steuerung. Ein Beitrag
                                 zum Einsatz frei programmierbarer
                                 Kleinrechner in numerischen Werk-
                                 zeugmaschinensteuerungen
                                 Dissertation, 1973, RWTH Aachen.

/9/ Gose, H.   Geschwindigkeitsproportionale
                                Lagesollwertermittlung bei CNC
                                mit Mikroprozessor.
                                wt- Z. ind. Fertig. 67(1977)
                                Nr. 7, S. 377...382.

/10/ Schmid, D.   Interpolation bei numerischen
                                Bahnsteuerungen.
                                Steuerungstechnik 2 (1969) Nr.9,
                                S. 342...349.

/11/ Binder, D.   Untersuchungen zur Interpolation
                                in numerischen Bahnsteuerungen.
                                ISW 24. Berlin, Heidelberg,
                                New York: Springer- Verlag 1978.

/12/ Stöferle, Th.   Einfacher Analoginterpolator.
     Lukas, R.   Werkstatt und Betrieb 106 (1973)
                                Nr. 5, S. 310...312.

/13/ Derse, J.   Verbesserte Verfahren zur Bahn-
     Brown, W.A.   interpolation in rechnergestütz-
     Lösing, H.   ten numerischen Steuerungen.
                                Regelungstechnik (1977) Nr. 9,
                                S. 290...297.

/14/ Augsten, G.   Zweiachsige Nachformeinrichtungen.
                                ISW 5. Berlin, Heidelberg,
                                New York: Springer- Verlag 1972.

/15/ Stute, G.   Regelung an Werkzeugmaschinen.
                                München, Wien: Carl Hanser-
                                Verlag 1981.

/16/ Föllinger, O.   Regelungstechnik.
                                Berlin: Elitera- Verlag 1978.

94

/17/ Buxbaum, A.   Berechnung von Regelkreis der
     Schierau, K.   Antriebstechnik.
                      Berlin: Elitera- Verlag 1974.

/18/ Zach, F.:   Technisches Optimieren.
                      Wien, New York: Springer- Verlag
                      1974.

/19/ Föllinger, O.   Nichtlineare Regelung 1.
                      München, Wien: R. Oldenbourg-
                      Verlag 1969.

/20/ Ackermann, J.   Abtastregelung.
                      Berlin, Heidelberg, New York:
                      Springer- Verlag 1972.

/21/ Föllinger, O.   Lineare Abtastsysteme.
                      München, Wien: R. Oldenbourg-
                      Verlag 1974.

/22/ Bauer, E.   Prozeßrechnereinsatz in Regel-
                      systemen.
                      Manuskript zur Vorlesung 1977.

/23/ Schmid, D.   Numerische Bahnsteuerung. Ein
                      Beitrag zur Informationsverarbei-
                      tung und Lageregelung.
                      ISW 1. Berlin, Heidelberg,
                      New York: Springer- Verlag 1972.

/24/ Boelke, K.   Analyse und Beurteilung von
                      Lagesteuerung für numerisch
                      gesteuerte Werkzeugmaschinen.
                      ISW 17. Berlin, Heidelberg,
                      New York: Springer- Verlag 1977.

/25/ Stof, P.   Untersuchung von Möglichkeiten
                               zur Reduzierung dynamischer Bahn-
                               abweichungen bei numerisch ge-
                               steuerten Werkzeugmaschinen.
                               ISW 20. Berlin, Heidelberg,
                               New York: Springer- Verlag 1978.

/26/ Hesselbach, J.   Digitale Lageregelung an numerisch
                               gesteuerten Maschinen. Ein Bei-
                               trag zur Untersuchung zeitdiskreter
                               Regelalgorithmen.
                               ISW 34. Berlin, Heidelberg,
                               New York: Springer- Verlag 1980.

Berichte aus dem Institut für Steuerungstechnik der Werkzeugmaschinen und Fertigungseinrichtungen der Universität Stuttgart

Herausgegeben von Prof. Dr.-Ing. G. Stute

Erschienen:

ISW 1: D. Schmid, Numerische Bahnsteuerung, 89 S., 1972

ISW 2: H. Schwegler, Fräsbearbeitung gekrümmter Flächen, 111 S., 1972

ISW 3: J. Eisinger, Numerisch gesteuerte Mehrachsenfräsmaschinen, 90 S., 1972

ISW 4: R. Nann, Rechnersteuerung von Fertigungseinrichtungen, 125 S., 1972

ISW 5: G. Augsten, Zweiachsige Nachformeinrichtungen, 140 S., 1972

ISW 6: B. Karl, Die Automatisierung der Fertigungsvorbereitung durch NC-Programmierung, 121 S., 1972

ISW 7: H. Eitel, NC-Programmiersystem, 117 S., 1973

ISW 8: E. Knorr, Numerische Bahnsteuerung zur Erzeugung von Raumkurven auf rotationssymmetrischen Körpern, 131 S., 1973

ISW 9: S. Bumiller, Viskohydraulischer Vorschubantrieb, 123 S., 1974

ISW 10: K. Maier, Grenzregelung an Werkzeugmaschinen, 139 S., 1974

ISW 11: J. Waelkens, NC-Programmierung, 159 S., 1974

ISW 12: E. Bauer, Rechnerdirektsteuerung von Fertigungseinrichtungen, 138 S., 1975

IWS 13: H. König, Entwurf und Strukturtheorie von Steuerungen für Fertigungseinrichtungen, 206 S., 1976

ISW 14: H. Damson, Fünfachsiges NC-Fräsen, 143 S., 1976

ISW 15: H. Jetter, Programmierbare Steuerungen, 141 S., 1976

ISW 16: H. Henning, Fünfachsiges NC-Fräsen gekrümmter Flächen, 179 S., 1976

ISW 17: K. Boelke, Analyse und Beurteilung von Lagesteuerungen für numerisch gesteuerte Werkzeugmaschinen, 106 S., 1977

ISW 18: F.-R. Götz, Regelsystem mit Modellrückkopplung für variable Streckenverstärkung, 116 S., 1977

ISW 19: H. Tränkle, Auswirkungen der Fehler in den Positionen der Maschinenachsen beim fünfachsigen Fräsen, 103 S., 1977

ISW 20: P. Stof, Untersuchungen über die Reduzierung dynamischer Bahnabweichungen bei numerisch gesteuerten Werkzeugmaschinen, 118 S., 1978

ISW 21: R. Wilhelm, Planung und Auslegung des Materialflusses flexibler Fertigungssysteme, 158 S., 1978

ISW 22: N. Kappen, Entwicklung und Einsatz einer direkten digitalen Grenzregelung für eine Fräsmaschine mit CNC, 123 S., 1979

ISW 23: H. G. Klug, Integration automatisierter technischer Betriebsbereiche, 124 S., 1978

ISW 24: D. Binder, Interpolation in numerischen Bahnsteuerungen, 132 S., 1979

ISW 25: O. Klingler, Steuerung spanender Werkzeugmaschinen mit Hilfe von Grenzregeleinrichtungen (ACC), 124 S., 1979

ISW 26:   L. Schenke, Auslegung einer technologisch-geometrischen Grenzregelung für die Fräsbearbeitung, 113 S., 1979

ISW 27:   H. Wörn, Numerische Steuersysteme. Aufbau und Schnittstellen eines Mehrprozessorsteuersystems, 141 S., 1979

ISW 28:   P. B. Osofisan, Verbesserung des Datenflusses beim fünfachsigen NC-Fräsen, 104 S., 1979

ISW 29:   J. Berner, Verknüpfung fertigungstechnischer NC-Programmiersysteme, 101 S., 1979

ISW 30:   K.-H. Böbel, Rechnerunterstütze Auslegung von Vorschubantrieben, 113 S., 1979

ISW 31:   W. Dreher, NC-gerechte Beschreibung von Werkstücken in fertigungstechnisch orientierten Programmsystemen, 105 S., 1980

ISW 32:   R. Schurr, Rechnerunterstützte Projektierung hydrostatischer Anlagen, 115 S., 1981

ISW 33:   W. Sielaff, Fünfachsiges NC-Umfangsfräsen verwundener Regelflächen. Beitrag zur Technologie und Teileprogrammierung, 97 S., 1981

ISW 34:   J. Hesselbach, Digitale Lageregelung an numerisch gesteuerten Fertigungseinrichtungen, 111 S., 1981

ISW 35:   P. Fischer, Rechnerunterstützte Erstellung von Schaltplänen am Beispiel der automatischen Hydraulikplanzeichnung, 111 S., 1981

ISW 36:   U. Ackermann, Rechnerunterstützte Auswahl elektrischer Antriebe für spanende Werkzeugmaschinen, 118 S., 1981

ISW 37:   W. Döttling, Flexible Fertigungssysteme – Steuerung und Überwachung des Fertigungsablaufs, 105 S., 1981

ISW 38:   J. Firnau, Flexible Fertigungssysteme – Entwicklung und Erprobung eines zentralen Steuersystems, 112 S., 1981

ISW 39:   A. Herrscher, Flexible Fertigungssysteme – Entwurf und Realisierung prozeßnaher Steuerungsfunktionen, 103 S., 1981

ISW 40:   U. Spieth, Numerische Steuersysteme – Hardwareaufbau und Ablaufsteuerung eines Mehrprozessorsteuersystems, 115 S., 1982.

ISW 41:   A. Schimmele, Rechnerunterstützter Entwurf von Funktionssteuerungen für Fertigungseinrichtungen, 106 S., 1982

ISW 42:   M. Sanzenbacher, NC-gerechte Beschreibung von Werkstücken mit gekrümmten Flächen, 105 S., 1982.

ISW 43:   W. Walter, Interaktive NC-Programmierung von Werkstücken mit gekrümmten Flächen, 112 S., 1982.

ISW 44:   J. Huan, Bahnregelung zur Bahnerzeugung an numerisch gesteuerten Werkzeugmaschinen, 95 S., 1982.

In Vorbereitung:

ISW 45:   H. Erne, Taktile Sensorführung für Handhabungseinrichtungen, Systematik und Auslegung der Steuerungen, ca. 111 S., 1982.

Springer-Verlag
Berlin · Heidelberg · New York